79

REIHE AUTOMATISIERUNGSTECHNIK

Herausgegeben von B. Wagner und G. Schwarze

Programmierung von Prozeßrechnern

Gert Böhme und Werner Born

VEB VERLAG TECHNIK BERLIN

ISBN 978-3-663-00808-8   ISBN 978-3-663-02721-8 (eBook)
DOI 10.1007/978-3-663-02721-8

Lektor: *Jürgen Reichenbach*
Bestellnummer: 9/3/4185   ES 20 K 2   DK 681.323.06:62-5

VLN 210. Dg. Nr. 370/82/69 Deutsche Demokratische Republik
Satz und Druck: Engelhard-Reyher-Stollbergsche Buchdruckerei KG, Gotha
Einbandgestaltung: *Kurt Beckert*

Inhaltsverzeichnis

Vorwort

Gegenwärtig werden im Rahmen der Rationalisierung und Automatisierung in vielen Bereichen der Volkswirtschaft in verstärktem Maß Prozeßrechner eingesetzt. Das betrifft besonders die chemische Industrie, die Energiewirtschaft und die Metallurgie. Schon mehrfach ist im Rahmen der REIHE AUTOMATISIERUNGSTECHNIK auf Aufbau und Einsatz von Meßwertverarbeitungsanlagen und Prozeßrechnern eingegangen worden. Im vorliegenden Band wird ein Überblick über die Probleme gegeben, die bei der *Programmierung von digitalen Meßwertverarbeitungs- und Prozeßsteuerungsanlagen* auftreten. Dabei haben wir uns wegen der umfangmäßigen Beschränkung des Bandes dazu gezwungen gesehen, Grundkenntnisse über Aufbau und logische Struktur von Digitalrechnern sowie deren Programmierung vorauszusetzen (siehe RA 5 und RA 12). Wir halten es für sinnvoll, den gesamten zur Verfügung stehenden Raum für die Herausarbeitung der besonderen Probleme und Schwierigkeiten bei der Programmierung von Prozeßrechnern und ihre Erklärung an Beispielen zu nutzen.

In den Abschnitten 1. und 2. wird die Programmierung von Prozeßrechnern allgemein behandelt, in den Abschnitten 3. und 5. werden spezielle Prozeßrechner und ihre Programmierung vorgestellt. Abschn. 4. enthält die Beschreibung eines Einsatzbeispiels, und im Abschn. 6. wird auf die weitere Entwicklung der Programmiertechnik für Prozeßrechner eingegangen.

Wir danken allen, die mit Anregungen und Hinweisen bei der Arbeit an diesem Band geholfen haben, insbesondere Herrn Dr. *G. Schwarze*.

Dresden   *Gert Böhme   Werner Born*

1. Besonderheiten der Programmierung von Prozeßrechnern

1.1. Prozeßrechner

1.1.1. *Begriff der Echtzeitverarbeitung*

Die Zentraleinheit einer digitalen Prozeßsteuerungsanlage ist im allgemeinen ein *Digitalrechner*, der sich in seiner Struktur und seinen Befehlen wenig von Digitalrechnern, die als wissenschaftlich-technische Rechner oder als Zentraleinheiten von Datenverarbeitungsanlagen benutzt werden, unterscheidet. Warum muß also der Programmierung von Prozeßrechnern ein besonderer Band innerhalb dieser Reihe gewidmet werden? Um diese Frage zu beantworten, muß man sich zunächst einmal die Arbeitsweise in einem Rechenzentrum üblicher Art vorstellen. Wir nehmen an, daß in diesem Rechenzentrum reine Routinerechnungen erledigt werden, d. h., daß die zu bearbeitenden Aufgaben bereits programmiert worden und die Programme alle in einer Programmbibliothek vorhanden sind. Von verschiedenen Kunden gehen nunmehr Aufträge auf Bearbeitung dieses oder jenen Programms ein, es werden die entsprechenden Daten mitgeliefert, die Datenträger werden hergestellt, und dann kommen die Programme eines nach dem anderen zur Abarbeitung. Gegebenenfalls werden auch (bei modernen Anlagen) zwei oder mehrere Programme simultan bearbeitet. Diese Betriebsweise eines Digitalrechners wird *Stapelverarbeitung* genannt, weil ein Stapel von Programmen nacheinander abgearbeitet wird. Dabei ist der Zeitpunkt der Abarbeitung eines Programms im allgemeinen unwichtig, es werden lediglich grobe Termine gestellt.

Anders liegen die Verhältnisse, wenn ein Rechner zur Überwachung, Beeinflussung oder Steuerung irgendeines äußeren Vorgangs eingesetzt wird. In solchen Fällen muß der Rechner über den äußeren Vorgang stets informiert sein, damit er mittels seiner Programme überprüfen kann, ob sich Situationen eingestellt haben, die vom Rechner auszuwerten sind, die Maßnahmen erfordern u. dgl. Der Rechner muß also ständig aufnahmebereit sein für Informationen von außerhalb (vom äußeren Vorgang). Außerdem muß der Rechner in der Lage sein, die aufgenommenen Informationen so schnell zu verarbeiten, wie es der äußere Vorgang erfordert, d. h., es muß, sofern vorgesehen, noch eine sinnvolle Einwirkung auf den äußeren Vorgang erfolgen können oder es müssen bestimmte, vom Menschen vorher festgelegte Modelle des äußeren Vorgangs auf den neuesten Stand gebracht werden können.

Eine solche Betriebsweise eines Digitalrechners heißt *Echtzeitverarbeitung* (oft auch nach dem englischen Begriff Real-time-Verarbeitung genannt). Der Zeitpunkt der Abarbeitung der Programme spielt in der Echtzeitverarbeitung eine entscheidende Rolle.

Als Beispiel betrachten wir einen chemischen Prozeß, an den ein Digitalrechner (Prozeßrechner) zur Überwachung und Steuerung des Prozesses angeschlossen ist. Der Rechner übernimmt in bestimmten Abständen vom

Prozeß Werte, wie Drücke, Mengen, Temperaturen, Analysen usw., wertet
diese Daten in vorgegebenen Algorithmen aus und gibt entweder direkt
an den Prozeß Steuerwerte aus oder erteilt über Druck- oder Anzeige-
geräte dem Anlagenfahrer Hinweise über die Fahrweise des Prozesses.
Außerdem kann der Rechner bestimmte Gefahrensituationen schnell erkennen, diese signalisieren oder besser noch sofort selbst Gegenmaßnahmen
ergreifen und somit Ausfälle in der Produktion vermeiden. An diesem
Beispiel wird der Begriff der Echtzeitverarbeitung klar, weil der Rechner
dem Prozeß im echten Zeitmaßstab nachfolgt, indem er Prozeßdaten auf-
nimmt, Maßnahmen beim Eintreten bestimmter Prozeßsituationen innerhalb fester Zeitabstände, die ebenfalls vom Prozeß bestimmt werden, ein-
leitet sowie durch ein Modell des Prozesses in der Lage ist, vorausschauend
die Wirkung von äußeren Einflüssen auszugleichen. Für weitere Einzelheiten über Prozeßrechner, seine verschiedenen Betriebsweisen usw. verweisen wir auf RA 68 und RA 78.
Die Echtzeitverarbeitung bringt eine Reihe neuer und komplizierter Probleme bei der Programmierung mit sich. Diese besonderen Schwierigkeiten werden in diesem Kapitel zusammengestellt.
Trotz des begrenzten Umfangs dieses Bandes soll der Versuch unter-
nommen werden, einen Einblick in die Probleme der Programmierung von
Echtzeitrechensystemen, speziell von Prozeßrechnern, zu geben.

1.1.2. *Besonderheiten in der Hardware eines Prozeßrechners*

Im Rahmen dieses Bandes wird auf die Gerätetechnik nur am Rande
eingegangen, und zwar in dem Maß, wie es für das Verständnis der weiteren Ausführungen zur Programmierung erforderlich ist.
Zwei wesentliche Elemente unterscheiden den Prozeßrechner von einem
gewöhnlichen Digitalrechner:

> die *Prozeßverbindungseinheiten* und
>
> der *Zeitgeber.*

Die Verbindungseinheiten zum Prozeß enthalten Eingänge zur Übernahme von Prozeßdaten *(Meßwerterfassungseinheit)* und Ausgänge zur
Steuerung des Prozesses *(Steuerwertausgabeeinheit).* Die Prozeßdaten
(Meßwerte, Informationen über Betriebszustände, Fahrweisen usw.) können in verschiedenen Formen vorliegen:

analoge Signale	(sie werden bei der Übernahme in den Rechner durch einen Analog-Digital-Umsetzer digitalisiert)
digitale Signale	(digitale Meßwerte, auch Zählerstände, gezählte Impulse)
Zweipunktsignale	(z. B. Ein/Aus-Meldungen)

Grundsätzlich kann ein digitaler Prozeßrechner nur digitale Signale abgeben, die in der Steuerwertausgabeeinheit entweder über Verstärker als
digitale Signale direkt an den Prozeß gehen oder durch Digital-Analog-
Umsetzer in solche digitale Signale verwandelt werden, die von analogen

Geräten weiterverarbeitet werden können oder in eine entsprechende Impulsfolge verwandelt werden. Oft ist es möglich, die Prozeßverbindungseinheiten genauso wie andere periphere Geräte zu behandeln.

Der *Zeitgeber*, der in jedem Prozeßrechner vorhanden sein muß, ermöglicht es, Programme zu bestimmten Zeiten oder in bestimmten Abständen abzuarbeiten. Außerdem dient er der Feststellung der Echtzeit beim Druck von Ergebnissen, Meßwerten, Informationen über Alarmzustände usw.

Das *Unterbrechungssystem*, das auch bei normalen Digitalrechnern vorhanden ist, muß bei einem Prozeßrechner einige Besonderheiten aufweisen. Es muß in der Lage sein, vom Prozeß eingehende Alarmzustände zu erfassen und durch Unterbrechung des gerade laufenden Programms einer sehr schnellen Verarbeitung zuzuführen.

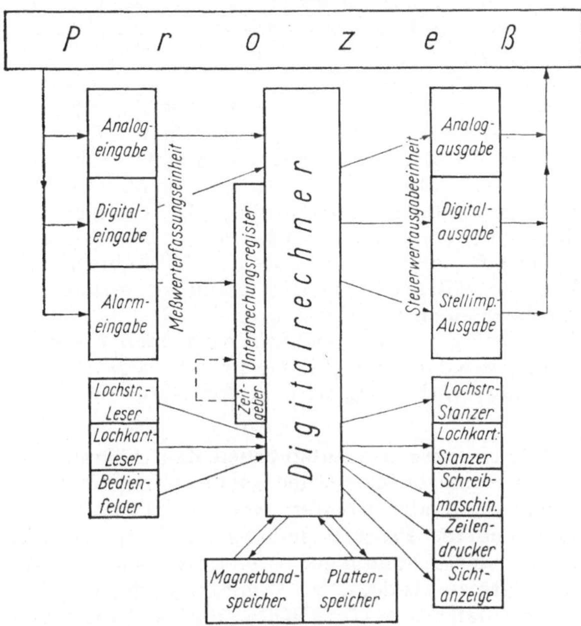

Bild 1. Aufbau eines Prozeßrechners

Ein Prozeßrechner muß noch eine Reihe weiterer Eigenschaften haben, z. B. eine besonders hohe Zuverlässigkeit, weitgehende Wartungsfreiheit usw. Entsprechende Maßnahmen können sowohl in der Hardware selbst als auch durch regelmäßige Bearbeitung von Testprogrammen für die Hardware in geringen Zeitabständen (Sekunden, Minuten) sowie entsprechender Diagnostikprogramme getroffen werden (s. RA 28). Bild 1 gibt einen Überblick über den prinzipiellen Aufbau eines Prozeßrechners.

1.2. Steuerung der Programme im Prozeßrechner

Die Programme eines Prozeßrechners können in zwei Gruppen eingeteilt werden:

zeitgesteuerte Programme

bedingungsgesteuerte Programme

Die *zeitgesteuerten Programme* (sie entsprechen den Zeitplansteuerungen in der Automatisierungstechnik) müssen zu bestimmten Zeitpunkten bzw. zyklisch in bestimmten Zeitabständen abgearbeitet werden. Es sollen z. B. im Abstand von 30 s von einem Prozeß Meßwerte übernommen werden, diese sollen auf die Einhaltung eines bestimmten Bereichs geprüft werden, und ein Teil von ihnen soll ausgedruckt werden. Dieser Komplex von Aufgaben ist jeweils im 30-s-Rhythmus durchzuführen. Zu jedem zeitgesteuerten Programm gehört also ein Zeitintervall, das aussagt, in welchem Abstand das Programm immer wieder erneut bearbeitet werden soll. Der Programmierer bildet im Rechner eine Tabelle von *Sollzeiten* für alle Programme, die von der Uhr gesteuert werden. Ein später zu beschreibendes Programm kontrolliert periodisch, ob die echte Zeit bereits die Sollzeit eines der Programme erreicht oder gar überschritten hat. Wird ein solches Programm gefunden, so wird dieses bearbeitet, anschließend wird die Sollzeit dieses Programms um die vorgegebene Periode erhöht, und der Rechner kehrt zu weiteren Kontrollen zurück, ob wiederum Sollzeiten erreicht oder überschritten sind. Wenn die Sollzeiten mehrerer Programme zusammenfallen können, dann werden von dem Kontrollprogramm zunächst die Sollzeiten aller Programme mit der Echtzeit verglichen, auch wenn schon ein fälliges Programm gefunden worden ist. Somit schafft sich der Rechner einen Überblick über die Gesamtheit der Programme, die auf Bearbeitung warten. Danach wird nach einer bestimmten *Vorrangverarbeitung* das derzeit wichtigste Programm bearbeitet. Auf die Probleme der Vorrangverarbeitung wird in den Abschnitten 1.3. und 2.1. eingegangen.

Die *bedingungsgesteuerten Programme* (sie entsprechen den Ablaufsteuerungen in der Automatisierungstechnik) werden nicht in regelmäßigen Zeitabständen, sondern nur dann abgearbeitet, wenn im Prozeß (oder auch bei der Abarbeitung anderer Programme oder im Prozeßrechner selbst) bestimmte Zustände oder Bedingungen eingetreten sind. Solche Zustände sind z. B. echte Alarmzustände, d. h. Situationen, denen sofort begegnet werden muß, anderenfalls es u. U. zu Katastrophen, mindestens aber zu Qualitätsminderungen oder Produktionsausfällen kommen kann. Es gibt aber auch solche Bedingungen, die einfach eine bestimmte Situation im Prozeß anzeigen, z. B. kann ein Behälter mit einem Einsatzstoff leer sein, und der Rechner erhält darüber eine Information und kann daraufhin die Füllung des Behälters veranlassen. Gleichzeitig kann er z. B. die neu eingefüllte Menge zur bisher verbrauchten addieren.

Bei dieser Art von Programmen besteht die Schwierigkeit, daß solche Zustände praktisch zufällig auftreten und dadurch die Zeitplanung im Rechner durcheinanderbringen können. Meist treten sie dann ein, wenn im Rechner irgendein anderes Programm läuft. Da aber nun das Programm, das von dem eingetretenen Zustand abhängt, wesentlich wichtiger sein kann als das derzeit bearbeitete, muß das laufende Programm unterbrochen werden und eine Überprüfung der Vorrangverhältnisse durchgeführt werden.

1.3. Behandlung von Prioritäten und Unterbrechungen

Unterbrechungen in der Programmabarbeitung sind keine Neuheit der Prozeßrechner, sondern auch in normalen Datenverarbeitungsanlagen vorhanden. Sie sind einfach notwendig, wenn man die Zentraleinheit, speziell das Rechenwerk einer Anlage, rationell ausnutzen will. Da praktisch alle peripheren Geräte und Speicher (wie Lochstreifenleser und -stanzer, Schreibmaschinen, Magnetbandgeräte usw.) in ihrer Arbeitsgeschwindigkeit wesentlich unter der der Zentraleinheit liegen, arbeitet bei modernen Anlagen die Zentraleinheit während der Ein- oder Ausgabe einer Information weiter. Wenn die Übertragung der Information beendet ist, unterbricht das betreffende Gerät die Arbeit der Zentraleinheit und meldet damit, daß es für weitere Informationsübertragungen bereitsteht. Die Zentraleinheit wird zunächst das periphere Gerät wieder bedienen, sofern noch Arbeit für dieses Gerät anliegt, und dann ihre unterbrochene Arbeit fortsetzen. Dieser heute übliche Vorgang ist auch bei Prozeßrechnern vorhanden und soll hier auch nicht weiter diskutiert werden. Lediglich ein Gesichtspunkt scheint noch wichtig: der Aufbau von *Warteschlangen* an peripheren Geräten bei Prozeßrechnern. Es kann z. B. vorkommen, daß Mitteilungen an den Anlagenfahrer in schnellerer Folge anfallen, als die Druckeinrichtung ausgeben kann. Die Behandlung derartiger Warteschlangen erfordert ein gut ausgebautes System von Organisationsprogrammen und ist nicht bei jedem Prozeßrechner möglich. Besondere Probleme werden dabei noch durch die unterschiedliche Länge der Schlangen, die mehr oder weniger dem Zufall überlassen ist, die unterschiedliche Häufigkeit des Auftretens solcher Schlangen usw. aufgeworfen. Kann man keine Schlangenbildung zulassen, so muß man dafür sorgen, daß die zu übertragenden Informationen nur in solcher Folge entstehen, wie sie das periphere Gerät verarbeiten kann oder, sofern es sich um extern entstehende Informationen handelt, müssen gerätemäßige Voraussetzungen getroffen sein, die auch eine externe Speicherung bis zur Übernahme ermöglichen.

Im allgemeinen wird die Erfassung von Prozeßdaten von den im Rechner ablaufenden Programmen veranlaßt. Bei *Alarmsignalen*, die über eine veränderte Prozeßsituation Auskunft geben, genügt es jedoch nicht, diese Signale gelegentlich abzufragen. Diese Alarmsignale müssen den Prozeßrechner unmittelbar ansprechen, damit dieser sofort darauf reagieren kann. Solche Alarmsignale müssen deshalb eine Programmunterbrechung hervorrufen und den Prozeßrechner veranlassen, eine Vorrangbehandlung durchzuführen. Für die Anmeldung von externen Unterbrechungen ist in einem Prozeßrechner gewöhnlich ein *Unterbrechungsregister* vorhanden, das für jede Unterbrechungsursache ein Bit enthält. Tritt z. B. im Prozeß ein Alarmzustand auf, so wird im Unterbrechungsregister das entsprechende Bit auf den Wert 1 gesetzt, was im Rechner eine Programmunterbrechung auslöst. Im Rechner ist jedem Programm, evtl. auch Programmteilen oder andererseits auch Gruppen von Programmen eine Wertigkeit zugeordnet, die sich im allgemeinen aus den Anforderungen

des Prozesses ergibt. Häufig wird dies so gehandhabt, daß jedem Programm eine Nummer aus dem Zahlenbereich von beispielsweise 1 bis 16 erteilt wird, wobei festgelegt wird, daß ein Programm mit einer niedrigeren Nummer eine höhere Wertigkeit hat (es kann auch umgekehrt vereinbart werden). Wenn jetzt vom Prozeß ein Alarm gegeben wird, so wird die Bearbeitung des laufenden Programms unterbrochen, das Unterbrechungsregister wird entschlüsselt und damit die Unterbrechungsursache festgestellt. Anschließend wird überprüft, welche Wertigkeit *(Priorität, Vorrang)* das zu diesem Alarm gehörige Verarbeitungsprogramm im Vergleich zur Priorität des unterbrochenen Programms hat, und entsprechend dem Resultat dieser Überprüfung wird entweder das Alarmverarbeitungsprogramm zunächst abgearbeitet und nach dessen Ende das unterbrochene Programm fortgesetzt oder die Anforderung des Alarmverarbeitungsprogramms nur registriert und das unterbrochene Programm zunächst beendet. Somit kann der Ablauf des Gesamtsystems der Programme in einer der Dringlichkeit entsprechenden Reihenfolge gesteuert werden. Diese Bearbeitung nach Prioritäten wird jedoch auch unabhängig vom Anliegen von Prozeßalarmen durchgeführt.
Wenn ein Programm normal beendet worden ist, wird als nächstes sofort überprüft, für welche Programme Anforderungen auf Abarbeitung vorliegen. Von diesen wird das mit der höchsten Priorität zur Bearbeitung gegeben. Ist dies beendet, wird wieder die Überprüfung auf Prioritäten der angeforderten Programme durchgeführt usw.

Anforderungen auf Abarbeitung von Programmen können verschiedene Ursachen haben:

    Prozeßalarme

    maschineninterne Alarme

    Zeitvergleich zwischen Sollzeiten für die Programme und Echtzeit

    Aufrufe von Programmen untereinander

Die Bearbeitung der Prozeßalarme ist bereits erläutert worden.
Ähnlich werden die maschineninternen Alarme verarbeitet. Dabei handelt es sich z. B. um Fehler und Schäden in der Rechenanlage, die vom Rechner entweder automatisch oder durch Testprogramme, die zwischendurch ablaufen, festgestellt werden, oder um gewisse Zustände der Anlage oder ihrer peripheren Geräte, wie Papierende bei der Schreibmaschine u. ä. Für solche Zustände müssen im Programmsystem Reaktionen vorgesehen sein, die je nach Ursache der maschineninternen Alarme z. B. im Aufruf von Fehlermaßnahmeprogrammen, Programmen, die Fehler in der Maschine lokalisieren, Druckprogrammen für entsprechende Mitteilungen an das Bedienungspersonal usw. bestehen.
Wie bereits erwähnt, wird es gelegentlich vorkommen, daß zu einem Zeitpunkt mehrere zeitgesteuerte Programme angefordert werden. Da die Bearbeitung nur nacheinander erfolgen kann, wird hier ebenfalls die Abarbeitungsreihenfolge entsprechend den Prioritäten der angeforderten Programme festgelegt.
Schließlich kann es vorkommen, daß bei der Abarbeitung eines Programms ein Umstand eintritt, so daß ein anderes als nächstes nach Beendigung des laufenden Programms abgearbeitet werden soll. Dann wird das erste

Programm ein anderes anfordern. Ob jedoch das zweite sofort nach dem ersten bearbeitet wird, hängt vom Gesamtzustand der Anforderungen von Programmen ab.

Es soll dies an einem Beispiel verdeutlicht werden.

Wir nehmen an, daß gegenwärtig ein Grenzwertüberwachungsprogramm abgearbeitet wird. Es seien aber bereits weitere Programme zur Bearbeitung angefordert worden, die aber eine niedrigere Priorität haben als das Grenzwertüberwachungsprogramm. Wenn bei der Überwachung ein Meßwert gefunden wird, der außerhalb seines vorgeschriebenen Bereichs liegt, so wird der Meßwert in eine Störwertliste eingetragen. Zum Abschluß des Überwachungsprogramms wird dann ein Störwertdruckprogramm angefordert. Nach Beendigung des Überwachungsprogramms wird der Gesamtzustand der Programmanforderungen überprüft, und nur dann, wenn das Störwertdruckprogramm eine höhere Priorität als alle anderen bereits angeforderten Programme hat, wird es wirklich als nächstes Programm abgearbeitet.

Anforderungen von Programmen werden im allgemeinen durch Setzen von Bit in bestimmten Worten ausgeführt. Man muß zunächst festlegen, wieviel verschiedene Programme oder Programmgruppen zugelassen werden. Es seien z. B. 16. Dann wird ein Wort (oder der Teil eines Wortes) von 16 bit Länge als Anforderungswort eingeführt (auch *Programmaufrufregister* genannt). Jedem Programm bzw. jeder Programmgruppe entspricht in diesem Wort ein Bit. Dieses Bit wird bei Anforderung des zugehörigen Programms gesetzt (es wird 1 eingeschrieben), bei Beginn der Abarbeitung gelöscht (es wird 0 eingeschrieben).

Beispiel:

$$0\ 0\ 1\ 1\ 1\ 0\ 0\ 1\ 0\ 0\ 0\ 0\ 0\ 1\ 0\ 0$$

Dieses Binärmuster (Kombination von Nullen und Einsen ohne Bedeutung als Dualzahl) bringt zum Ausdruck, daß die Programme bzw. Programmgruppen oder Programmteile mit den Nummern 3, 4, 5, 8, 14 zur Bearbeitung angefordert worden sind. Wird der Zustand dieses Wortes überprüft, so wird in diesem Fall entschieden, daß das Programm Nummer 3 als nächstes abgearbeitet wird. Nach Beendigung des Programms 3 wird wiederum dieses Wort geprüft. Sind inzwischen keine Anforderungen auf die Programme 1, 2 oder wieder 3 eingegangen, so kommt nun Programm 4 an die Reihe. So werden stets die dringlichsten Programme bearbeitet. Es ist klar, daß die Festlegung der Prioritäten sehr genau erwogen werden muß und nicht die Arbeit eines einzelnen Programmierers sein kann.

Es ist erforderlich, daß alle an der Einsatzvorbereitung für den Prozeßrechner beteiligten Prozeßspezialisten und Programmierer gemeinsam die Prioritäten festlegen. Bereits hier ist ersichtlich, daß eine sehr enge Zusammenarbeit aller Bearbeiter notwendig ist, da es nicht möglich ist, daß jeder Programmierer unabhängig von den anderen seine Programme schreibt.

1.4. Zusammensetzung der Programme zu einem System

Es ist geradezu typisch für Echtzeitanwendungen, speziell für Prozeßrechnereinsätze, daß eine Vielzahl von Programmen existiert, die meist alle irgendwie miteinander verbunden sind und sich in vielerlei Hinsicht

gegenseitig bedingen. Auf Grund des großen Umfangs der Programmier-
arbeit werden im allgemeinen mehrere Programmierer an den Programmen
arbeiten. Hier ist es Aufgabe des Leiters dieser Gruppe, die Programmierer
stets untereinander abzustimmen, denn Änderungen in einem Programm
führen fast immer zu einer Reihe von Änderungen in vielen anderen Programmen. Der Leiter muß auch darüber wachen, daß eine vorher festgelegte Gesamtkonzeption für den Prozeßrechnereinsatz nicht verlassen
wird.
Ein anderes wichtiges Problem ist die Abschätzung des Rechenzeit- und
Speicherplatzbedarfs.
Für alle zeitgesteuerten Programme müssen Perioden vorgegeben werden,
in denen die Programme abgearbeitet werden sollen. Im allgemeinen ergeben sich diese Perioden aus Betrachtungen über den Prozeß. Andererseits muß man bei der Festlegung der Perioden auch die Rechengeschwindigkeit der Anlage berücksichtigen sowie die Probleme der Programmierung beachten. Zunächst ist von den Prozeßspezialisten eine Liste folgender
Art anzufertigen:

Programm Nr. i
zeitlicher Abstand von zwei Abarbeitungen des Programms in einer
Zeiteinheit
Zeittoleranz

Dabei bedeutet die Zeittoleranz die Zeit, die maximal zwischen der Sollzeit
eines Programms und der Beendigung der Abarbeitung dieses Programms
vergehen darf. Unter Berücksichtigung der Rechenzeit des Programms ist
die Zeittoleranz also ein Maß für die maximal zulässige „Verspätung"
eines Programms.
Deshalb werden für die einzelnen Programme Rechenzeitabschätzungen
(und gleichzeitig für die Speicherplatzplanung Speicheraufwandabschät-
zungen) durchgeführt. Das erfordert jedoch, daß die Programme bereits
mindestens in Form eines groben Programmablaufplans vorliegen. Sind
Schätzwerte der benötigten Rechenzeiten der Programme vorhanden, so
kann eine Gesamtabschätzung für die Rechenzeit vorgenommen werden.
Dazu wird festgestellt, wie oft die einzelnen Programme im größten Abarbeitungszyklus bearbeitet werden müssen, und man kann dann mit
Hilfe der Schätzwerte der Rechenzeiten der Programme die Gesamtsumme
der benötigten Rechenzeit abschätzen. Diese Gesamtsumme sollte be-
trächtlich unter der zur Verfügung stehenden Zeit liegen, da durch bedingungsgesteuerte Programme und andere Umstände ein Mehrbedarf an
Rechenzeit entsteht. Außerdem muß genau geprüft werden, ob unter normalen Umständen die Zeittoleranzen für die Programme eingehalten werden können. Das wird besonders kritisch zu den Zeiten, wo sich Programmanforderungen häufen. In diesen Fällen wird nicht immer die Einhaltung
der Toleranzen möglich sein, man muß dann mit Hilfe der Prioritäten
für eine sinnvolle Reihenfolge der Bearbeitung sorgen, damit die Programme, bei denen die Einhaltung der Toleranzen aus prozeßtechnischen
Gründen am dringendsten ist, zuerst bearbeitet werden.
Sowohl zeitgesteuerte als auch bedingungsgesteuerte Programme müssen
von einem zentralen Steuerprogramm aufgerufen werden. Dieses Programm wird in seinen Grundzügen im Abschn. 2.1. vorgestellt.

1.5. Schwierigkeiten beim Testen der Echtzeitprogramme

Für Echtzeitsysteme wird im allgemeinen ein hoher Grad an Zuverlässigkeit gefordert, daher ist ein intensives Austesten der Programme besonders
ders wichtig. Jedoch ist das Testen der Programme in Echtzeitsystemen
weit komplizierter als in konventionellen Anlagen. Speziell bei Prozeßrechnern treten etwa folgende zusätzliche Probleme auf:

Bevor eine Testung der Programme am Prozeß selbst erfolgen kann, müssen sie im Off-line-Betrieb (nicht prozeßgekoppelt) getestet werden. Dazu
sind aber besondere Maßnahmen erforderlich, z. B. müssen Meßstellen
simuliert werden, damit eine Abfrage der Meßwerte durchgeführt werden
kann. Eventuell vorhandene Prozeßausgaben müssen durch Drucke ersetzt
werden. Ebenso müssen Prozeßalarme, Umschaltung auf andere Arbeits-
regime u. dgl. simuliert werden.

Eine weitere Schwierigkeit bei der Testung der Prozeßrechnerprogramme
ist die Verflechtung der Programme untereinander. Es ist teilweise unmöglich, die Programme einzeln zu testen, da manche Programme z. B.
weder Werte einlesen noch Werte ausgeben, sondern ihre Eingangswerte
von anderen Programmen übernehmen und auch ihre Ergebnisse anderen
Programmen zur Verfügung stellen.

Es muß jedes einzelne Betriebsregime, jede Variante der Abarbeitung der
Programme mit ihren Konsequenzen auf andere Programme usw. einzeln
getestet werden. Hierbei ist ein genauer Plan notwendig, der vor Beginn
der Testung aufgestellt werden muß.

Um Fehler in der Programmierung, aber auch in der Algorithmisierung
des Prozesses und in der Anlage selbst im Testbetrieb zu erkennen, ohne
den Prozeß in negativer Hinsicht zu beeinflussen, können verschiedene
Prozeßausgaben erst später realisiert werden. Diese müssen im On-line-
Test (prozeßgekoppelt) wiederum durch andere Ausgabemaßnahmen ersetzt werden. Erst wenn unter allen denkbaren Bedingungen die Programme (und die Anlage) fehlerfrei laufen, kann man vom Testbetrieb
in den Dauerbetrieb übergehen. Auch danach ist auf Grund von dabei
notwendigen Änderungen ein sehr vorsichtiger und besonders überwachter
Probebetrieb zu fahren.
Im Abschn. 2.3.1. werden einige Methoden für die Programmtestung
angeführt.
Es ist häufig schwierig, beim Auftreten von Fehlern zu unterscheiden,
ob die Ursachen in der Hardware oder im Programm liegen. Deshalb ist
eine fehlerfrei funktionierende Hardware bei der Testung erste Voraussetzung.

2. Typen von Programmen in Prozeßrechnern

Man kann die bei der Meßwertverarbeitung und Prozeßsteuerung auftretenden Programme in drei Gruppen einteilen:

Organisationsprogramme

Anwendungsprogramme

Hilfsprogramme

Diese Einteilung kann nur im groben gemacht werden, es ist nicht immer möglich, jedes Programm exakt einzuordnen. Trotzdem soll sie hier angewendet werden, da sie leicht zu überschauen ist.

2.1. Organisation der Arbeit im Prozeßrechner

Für eine ordnungsgemäße Arbeit des Rechners zur Erfüllung seiner vielfältigen Aufgaben sind eine Reihe von Programmen erforderlich, die häufig bei allen Rechnern eines Typs unabhängig vom speziellen Einsatz gleich oder mindestens ähnlich sind.

Bei großen, modernen Anlagen werden all diese Programme meist zu einem einheitlichen *Betriebssystem* zusammengefaßt, das dem Anwender

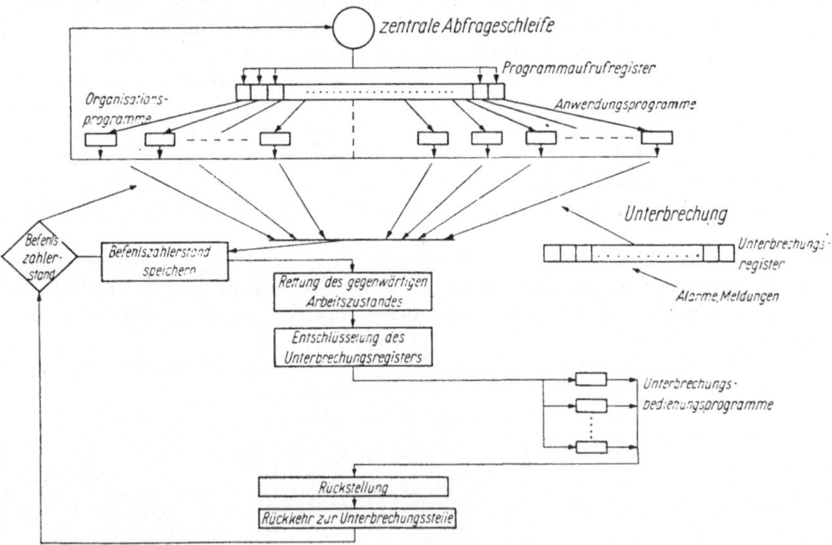

Bild 2. Organisation der Arbeit eines Prozeßrechners

zur Verfügung steht. Allerdings sind dies im allgemeinen sehr umfangreiche Systeme, die eine Vielzahl von Funktionen enthalten, die nicht in
jedem Einsatzfall benötigt werden. Daher muß man zwangsläufig bei
kleinen Anlagen (d. h. Anlagen mit geringer Speicherkapazität und niedriger
Rechengeschwindigkeit) die Organisationsprogramme auf jeden Einsatzfall zuschneiden, d. h. sogar in den meisten Fällen sie immer wieder neu
aufstellen, da dann nur die unbedingt notwendigen Funktionen enthalten
sind. Über die modernen Betriebssysteme wird im Abschn. 6. einiges
gesagt.

Die Organisationsprogramme sind stark von der *Hardware* des Rechners
(d. h. vom physikalisch-technischen Aufbau) abhängig, da sie unmittelbar
auf den Eigenschaften der Gerätetechnik des Rechners aufbauen.

Einen groben Überblick über die Arbeit von Organisationsprogrammen
gibt Bild 2. Erläuterungen zu dieser Abbildung werden in den nachfolgenden Abschnitten gegeben.

2.1.1. *Steuerung der Programmfolge*

Der Kern des Systems von Organisationsprogrammen ist eine *zentrale
Abfrageschleife*. Dieses Programm hat zwei wesentliche Aufgaben:

1. Überprüfung der Echtzeit auf Erreichung von Sollzeiten einzelner
   Programme

2. Auswertung des Programmaufrufregisters

Die zentrale Abfrageschleife *kann* etwa in folgender Weise arbeiten:

Sobald im Rechner keine anderen Aufgaben zu erfüllen sind, vergleicht
sie den Stand des Zeitgebers mit den Sollzeiten sämtlicher Programme.
Wie bereits beschrieben, trägt die zentrale Abfrageschleife immer dann 1
in das entsprechende Bit des Programmaufrufregisters ein, sobald die
Sollzeit eines Programms erreicht oder bereits überschritten ist. Es werden
jeweils alle zeitgesteuerten Programme hintereinander überprüft, unabhängig davon, ob schon ein fälliges Programm gefunden worden ist oder
nicht. Der Prüfung werden alle Anwendungsprogramme, evtl. auch einige
Organisationsprogramme, die ebenfalls zeitgesteuert sein können, unter-
zogen. Ist die Prüfung beendet, erfolgt die Auswertung des Programmaufrufregisters, d. h., es wird unter den aufgerufenen Programmen das
mit der höchsten Priorität gesucht. Die Programmierung einer solchen
Auswertung ist vom Befehlsvorrat der betrachteten Maschine abhängig,
z. B. kann man den Inhalt des Programmaufrufregisters immer um ein
Bit nach links verschieben und jeweils auf Überlauf testen (was jedoch
nur möglich ist, wenn die Maschine nicht im Fall eines Überlaufs sofort
stoppt). Durch Zählung der Anzahl der Verschiebungen kann man fest-
stellen, welches das von links erste Bit ist, das mit 1 besetzt ist. Daraus
läßt sich die Programmnummer ableiten, und man hat unter den angeforderten Programmen das mit der höchsten Priorität gefunden. Nun
wird das Anforderungsbit im Programmaufrufregister gelöscht. Dann gibt
die zentrale Abfrageschleife die Steuerung des Rechners ab und überträgt
sie dem ausgewählten Programm. Nachdem dieses Programm abgearbeitet
ist, wird zuerst die Sollzeit dieses Programms um die Programmperiode

erhöht, und anschließend kehrt die Steuerung automatisch wieder zur zentralen Abfrageschleife zurück, und die Überprüfung der Zeiten und des Programmaufrufregisters beginnt von neuem. Eine echte Vorrangverarbeitung der Programme erfordert, daß spätestens nach Abarbeitung eines Programms wieder diese Überprüfungen stattfinden, obwohl u. U. bereits vorher Bit im Programmaufrufregister gesetzt waren, denn es kann ja inzwischen die Sollzeit eines Programms erreicht worden sein, das eine höhere Priorität hat als alle ursprünglich im Register vermerkten Programme. Nun verläuft jedoch die Abarbeitung der Programme nicht so reibungslos und störungsfrei. Die zeitgesteuerten Programme werden zu zufälligen Zeitpunkten unterbrochen. Die Ursache für die Unterbrechung können externe Alarme seitens des Prozesses, Meldungen von Geräten der Rechenanlage sowie Maschinen- oder Programmierfehler sein.

Manchmal werden auch über das Unterbrechungssystem für externe Alarme Zeitimpulse in gewissen Zeitabständen gegeben, so daß die Überprüfung auf Erreichung der Sollzeiten durch die zentrale Abfrageschleife dann stark vereinfacht wird. Sie besteht dann entweder in einem einfachen Warten auf eine Unterbrechung oder, wenn keine automatische Unterbrechung im Rechner vorgesehen ist, in einer ständigen Abfrage des Unterbrechungsregisters.
Die Zeitüberprüfung läuft dann auf einen einfachen Vergleich der Anzahl der Zeitunterbrechungen mit der Sollzahl der Zeitunterbrechungen während der jeweiligen Programmperiode hinaus. Damit erfaßt man auch den Zeitpunkt genau, zu dem ein Programm angefordert werden muß, es kommt also praktisch nicht vor, daß die Sollzeit eines Programms bereits überschritten ist, wenn diese Feststellung getroffen wird. Ob nun jedoch das Programm gleich bearbeitet werden kann, hängt wiederum von seiner Priorität sowie den Prioritäten evtl. ebenfalls angeforderter Programme ab.

Bei den meisten Prozeßrechnern führt das Auftreten einer Ursache für eine Programmunterbrechung sofort zu einer tatsächlichen Unterbrechung der laufenden Arbeit des Rechners. Oft ist der Rechner hardwareseitig so beschaffen, daß jede beliebige Ursache für eine Unterbrechung auch zu einer Unterbrechung führt, selbst wenn das laufende Programm eine höhere Priorität hat als das Programm, das die Unterbrechung bedienen soll. Dies zu überprüfen ist dann Aufgabe eines Programms zur Entschlüsselung von Unterbrechungen. Das ist ebenfalls ein Programm, das zur Organisation der Arbeit des Rechners dient. Jede Unterbrechung führt zur Eintragung eines bestimmten Bit in ein Unterbrechungsregister (ähnlich der Eintragung in das Programmaufrufregister). Dieses Unterbrechungsregister wird von dem jetzt beschriebenen Programm ausgewertet, was ebenfalls analog der Auswertung des Programmaufrufregisters geschehen kann. Die Unterbrechungsursachen haben oft ebenfalls Prioritäten, d. h., bei gleichzeitigem Ausfall von mehreren Unterbrechungsursachen wird zunächst die mit der höheren Priorität behandelt. Jedem Bit im Unterbrechungsregister, d. h. jeder Unterbrechungsursache, muß ein Unterbrechungsbedienungsprogramm zugeordnet sein. Bei der Einordnung dieser Programme in das gesamte System aller Programme kann man in verschiedener Weise vorgehen. Einmal besteht die Möglichkeit, prinzipiell jedem Unterbrechungsbedienungsprogramm die höchste Priorität aller Programme zuzuordnen, d. h., tritt eine Unterbrechung auf, so

wird sie stets erst behandelt, d. h. das zugehörige Programm abgearbeitet,
bevor die unterbrochene Arbeit fortgesetzt wird. Man kann jedoch auch
den Unterbrechungsbedienungsprogrammen Prioritäten im Rahmen des
gesamten Programmsystems zuweisen, so daß nach der Entschlüsselung
des Unterbrechungsregisters nur ein Bit im Programmaufrufregister gesetzt sowie überprüft wird, ob die Priorität des Unterbrechungsbedie-
nungsprogramms höher oder niedriger als die des unterbrochenen Programms ist. Je nach Ausgang dieser Überprüfung wird mit dem einen oder
anderen Programm weitergearbeitet. Schließlich ist es auch möglich, einer
ganzen Gruppe von derartigen Unterbrechungsbedienungsprogrammen
eine gemeinsame Priorität im gesamten Programmsystem zuzuweisen, so
daß z. B. die Bedienung aller Unterbrechungen, die von peripheren Geräten verursacht werden, in einer Priorität zusammengefaßt wird, obwohl
für die Behandlung der Unterbrechungen für jedes Gerät einzelne Programme vorhanden sind. Die Darstellung im Bild 2 zeigt den Fall, daß
Unterbrechungen prinzipiell nach ihrem Auftreten behandelt werden.

2.1.2. *Maßnahmen beim Auftreten von Unterbrechungen*

Ist der Prozeßrechner hardwareseitig so ausgelegt, daß Unterbrechungen
sofort nach Eintritt der Unterbrechungsursache auftreten, so müssen ebenfalls von der Hardware Maßnahmen vorgesehen sein, die die Fortsetzung
nach der Bedienung der Unterbrechung in einem definierten Zustand ge-
währleisten. Meist ist es so, daß automatisch bei Unterbrechungen der
Stand des Befehlszählers in eine bestimmte Speicherzelle gebracht wird.
Damit ist gesichert, daß das Programm an der Unterbrechungsstelle später
wieder fortgesetzt werden kann. Außerdem haben natürlich der Akkumulator und evtl. alle weiteren im Rechner vorhandenen Register bestimmte Werte, die bei Fortsetzung des unterbrochenen Programms wieder
benötigt werden. Bevor jegliche Unterbrechungsentschlüsselung durchgeführt wird, müssen diese Register gerettet werden. Dafür sind vom
Programmierer für alle Register bestimmte Speicherzellen vorzusehen.
Erst nach Rettung des gesamten Arbeitszustands des unterbrochenen
Programms kann die Entschlüsselung des Unterbrechungsregisters erfolgen. Nach Beendigung der Arbeit des Unterbrechungsbedienungs-
programms muß der Zustand des unterbrochenen Programms wiederherge-
stellt werden, was durch Laden der Register mit den Inhalten der für die
Rettung vorgesehenen Speicherzellen geschieht. Anschließend erfolgt ein
unbedingter Sprung in die Speicherzelle, deren Adresse bei der Unterbrechung gerettet worden ist. Damit ist die Bedienung der Unterbrechung
abgeschlossen, und es wird das unterbrochene Programm weiter abgearbeitet.
Eine solche Arbeitsweise ist jedoch nur möglich, wenn hardwareseitig
eine Sicherung vorhanden ist, daß, solange eine Unterbrechungsbedienung
erfolgt, keine weitere Unterbrechung akzeptiert wird, sondern nur im
'Unterbrechungsregister vermerkt wird. Ist die erste Unterbrechungsbedienung beendet, erfolgt auf Grund der gespeicherten zweiten Unterbrechung sofort eine neue Unterbrechung. Will man eine beliebig häufig
ineinander geschachtelte Unterbrechungsfolge zulassen, so muß für jede
Unterbrechungsursache ein besonderes Feld an Rettungsspeicherzellen
bereitstehen.

Etwas anders liegen die Verhältnisse, wenn man einen Rechner zur Verfügung hat, der keine automatische Unterbrechung zuläßt. Solche Anlagen registrieren nur die eingetretenen Unterbrechungsursachen, führen jedoch keine Unterbrechung herbei. Es ist vielmehr Sache des Programmierers, in genügend dichter Folge das Unterbrechungsregister abzufragen und zu überprüfen, ob sein Inhalt von Null verschieden ist. Wird ein von Null verschiedener Inhalt festgestellt, so laufen dann im Prinzip die gleichen Vorgänge wie bei der automatischen Unterbrechung ab, jedoch vereinfacht sich die Behandlung im allgemeinen in der Weise etwas, daß der Programmierer die Abfragen des Unterbrechungsregisters sinnvollerweise an solchen Programmstellen veranlaßt, wo keine umfangreichen Rettungsmaßnahmen der Rechenregister erforderlich sind, sondern die Rettung des Befehlszählerstands genügt. Der zeitliche Abstand solcher Abfragen wird vom Prozeß bestimmt, er muß bei der Konzipierung des Programmsystems festgelegt werden. Der Programmierer muß bei der Aufstellung sämtlicher Programme (mit Ausnahme der Unterbrechungsbedienungsprogramme, die ja nicht unterbrochen werden sollen) darauf achten, daß dieser Zeitabstand ungefähr eingehalten wird. Man wird diese Abfragen möglichst in kleine Schleifen legen, so daß sowenig wie möglich Speicherplatz für diese zusätzlichen Befehle verbraucht wird. Den Vorteilen bei der Behandlung der Unterbrechungen bei dieser Methode steht der große Nachteil gegenüber, daß auf Grund von möglichen Alarmzuständen im Prozeß der Zeitabstand der Abfragen sehr klein gewählt werden muß, so daß sich dies auf die Rechenzeit der Programme auswirkt, obwohl praktisch fast immer festgestellt wird, daß keine Unterbrechung eingetreten ist.

2.2. Anwendungsprogramme (Prozeßprogramme)

Die Programme, die in dieser Gruppe zusammengefaßt sind, sind im allgemeinen von Prozeß zu Prozeß verschieden, es sind Programme, die die eigentliche Meßwertverarbeitung und Steuerung des Prozesses einschließlich aller Vor- und Nacharbeiten durchführen.

2.2.1. *Erfassung von Prozeßwerten*

Informationen über den Zustand des zu steuernden Prozesses bekommt der Prozeßrechner durch die Erfassung von Prozeßdaten.

Dabei handelt es sich um

    analog anfallende Werte

    digital anfallende Werte

    Zweipunktsignale

    durch Zählung von Impulsen entstandene Werte

    Handeinstellungen am Bedienpult

Die Übernahme von Prozeßdaten wird in einer *Meßwerterfassungseinheit* vorgenommen. Dabei müssen die analog anfallenden Werte digitalisiert werden (Dualsystem), wozu Analog-Digital-Umsetzer verwendet werden.

Bei der Erfassung von Prozeßdaten wird zunächst ein *Meßstellennummern-register* mit der Nummer der Meßstelle gefüllt, die als nächste abzu-fragen ist.

In der Folge wird mit Hilfe des *Meßstellenumschalters* die betreffende Meßstelle durchgeschaltet, die anliegende Meßspannung verstärkt, gege-benenfalls digitalisiert und in ein *Meßwertregister* eingespeichert. Mit einem weiteren Befehl kann nun der Meßwert aus dem Register entnommen und in die vorgesehene Speicherzelle gebracht werden. Danach kann mit der Ausgabe der nächsten Meßstellennummer die Abfrage der nächsten Meßstelle beginnen. In dieser Weise werden nacheinander sämtliche Prozeßwerte in den Rechner gebracht.

Die Erfassung von Prozeßdaten ordnet sich im allgemeinen in die Gruppe der zeitgesteuerten Programme ein. Dabei kann es erforderlich sein, meh-rere Abfrageprogramme mit verschiedenen Zykluszeiten (Zeitabstand zwischen zwei Abarbeitungen eines Programms) vorzusehen. Besonders tritt diese Notwendigkeit in Erscheinung, wenn entweder die Abfrage-geschwindigkeit für analog anfallende Meßwerte so gering ist, daß es nicht möglich ist, alle Meßwerte im kleinsten auftretenden Zyklus abzufragen, oder bei der Abfrage soviel Rechenzeit benötigt oder belegt wird, daß man jede unnötige Abfrage vermeiden muß. In solchen Fällen muß man mehrere Abfrageprogramme aufbauen, was aber kein besonders schwie-riges Problem ist. Bei modernen Anlagen wird entweder die Abfrage einer

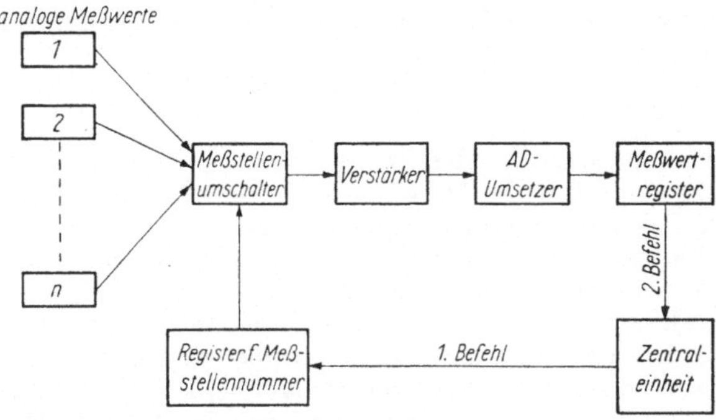

Bild 3. Abfrage analoger Meßwerte

ganzen Gruppe von Meßwerten vollkommen parallel zur Arbeit der Zen-traleinheit durchgeführt, mindestens aber wird nach jeder beendeten Um-setzung eines Analogwerts ein Signal gegeben, das die Arbeit der Zentral-einheit unterbricht, so daß der Rechner den umgesetzten Meßwert über-nehmen und die Abfrage des nächsten einleiten kann. So kann die Meß-werterfassungseinheit wie andere periphere Geräte behandelt werden. In einem bestimmten Zyklus muß auch das Bedienpult abgefragt werden, falls von dort eine Eingabe von Werten vorgesehen ist. Häufig sind auch fern der Zentraleinheit aufgestellte Bedieneinheiten abzufragen, von denen aus z. B. Analysenwerte, Ergebnisse anderer Laboruntersuchungen u. dgl. von Hand eingegeben werden.

Besonders schwierig ist die Abfrage der Meßwertgeber, deren Werte nur kurze Zeit anstehen. Die Erfassung von Meßwerten solcher Geber ist nur durch eine Programmunterbrechung möglich, d. h., der Meßwertgeber muß sofort, wenn sein Wert ansteht, eine Unterbrechung der Arbeit der Zentraleinheit veranlassen (Prozeßalarm). Indem von diesem Geber ein bestimmtes Bit im Unterbrechungsregister gesetzt wird, erhält der Rechner eine Information darüber, um welchen Geber es sich handelt. Sind viele derartige Geber im Prozeß vorhanden, so kann es notwendig sein, daß die Anzeigebit der Geber zunächst in einem Digitalwort zusammengefaßt werden und nur ein Summensignal in das Unterbrechungsregister gegeben wird, so daß nach der Programmunterbrechung erst noch ein Digitalwort (meist als digitaler Meßwert behandelt) abgefragt werden muß, und erst nach dessen Entschlüsselung kann die Abfrage des entsprechenden, nur kurzzeitig anstehenden Meßwerts durchgeführt werden.

2.2.2. *Dimensionierung und Korrektur der Meßwerte*

Nach der Abfrage stehen Digitalwerte im Speicher, die den von den Gebern bzw. von den Transmittern gelieferten elektrischen Spannungen entsprechen. Damit die Meßwerte sinnvoll weiterverwendet werden können, müssen sie anhand der Kennlinien der Geber bzw. Transmitter in die tatsächlichen Prozeßgrößen umgerechnet werden. Dieser Vorgang wird mit *Dimensionierung* bezeichnet. Häufig genügt eine lineare Dimensionierungsgleichung, gelegentlich müssen quadratische oder noch kompliziertere verwendet werden. Im Fall der linearen Dimensionierung ist im Prinzip folgende Formel zu berechnen:

$$m_{phys} = A\, m_{elektr} + B\,,$$

wobei m_{phys} der Meßwert in prozeßrealen Größen, m_{elektr} sein Analogon im elektrischen Bereich, A und B die Parameter der linearen Kennlinie sind. In den meisten Fällen sind A und B von Meßwert zu Meßwert verschieden, so daß für das gesamte Feld der Meßwerte ebensolche Felder von Dimensionierungskonstanten vorhanden sind. Es ist sinnvoll, diese Konstanten hintereinander vom ersten bis zum letzten Meßwert zu speichern. Dann kann die Dimensionierung einer Gruppe neu abgefragter Meßwerte in einem Zyklus geschehen. Eine andere Möglichkeit bietet sich bei den Rechnern an, die so organisiert sind, daß nach jedem einzelnen abgefragten Meßwert der Rechner die Abspeicherung dieses Wertes vornehmen muß. Dann kann für diesen Meßwert sofort die Dimensionierung angeschlossen werden. Schwierigkeiten treten dann auf, wenn mitten in einer Gruppe von Meßwerten einer oder mehrere dabei sind, die im Unterschied zu den übrigen mit nichtlinearen Dimensionierungsgleichungen behandelt werden müssen. Solche Werte sprengen den einfachen Abarbeitungszyklus. Man kann sich in diesen Fällen z. B. so helfen, daß man in freien Bit von Zellen, deren Inhalte sich auf die einzelnen Meßwerte beziehen, solche Informationen unterbringt, die über die Dimensionierungsart des betreffenden Meßwertes Auskunft geben. Solche Zellen können z. B. sein

Zelle der Meßstellennummer
Zelle des Meßwerts selbst
Zelle der Dimensionierungskonstanten usw.

Hat man etwa einen Rechner mit 24 bit Wortlänge zur Verfügung und die Meßstellennummer belegt nur die letzten 20 bit, so kann man z. B. in Bit 22 und 23 maximal vier verschiedene Informationen unterbringen.

$$\begin{array}{ccc|c} & x & x & \text{Meßstellennummer} \\ 24 & 23 & 22 \diagup 21 & 20 \quad 19 \quad \ldots \quad 1 \end{array}$$

So könnte z. B. bedeuten:

Bit 23 = 0, Bit 22 = 0   lineare Dimensionierung
Bit 23 = 0, Bit 22 = 1   quadratische Dimensionierung
Bit 23 = 1, Bit 22 = 0   Dimensionierung nach besonderem Verfahren
                                    (extra programmiert)

Soll in irgendeiner Weise einmal die Meßstellennummer verwendet werden, so ist natürlich erforderlich, daß zuvor die Zusatzinformationen ausgeblendet werden, was mit Hilfe einer geeigneten Maske und der logischen Operation der Konjunktion erfolgt. Bei obigem Beispiel würde die Maske folgendes Aussehen haben:

$$\begin{array}{ccccccccc} 1 & 0 & 0 & 1 & 1 & 1 & 1 & . \quad . \quad . & 1 \\ 24 & 23 & 22 & 21 & 20 & 19 & . & . \quad . \quad . & 1 \end{array}$$

Das bringt einige zusätzliche Operationen in das Programm, andererseits hat man sich die Möglichkeit geschaffen, alle Dimensionierungsrechnungen in einem geschlossenen Zyklus zu erledigen, denn für jeden Meßwert werden die gleichen Tests auf die beiden Bit durchgeführt und anschließend über einen Verteiler zu den verschiedenen Dimensionierungsprogrammen gesprungen.

Ein anderes Problem, das sich unmittelbar an die Meßwerterfassung anschließt, ist die *Korrektur von Meßwerten*. Bei manchen Meßgrößen ist der Wert, der als Meßwert angezeigt wird, abhängig von verschiedenen anderen Meßgrößen, so daß der gemessene Wert mit Hilfe von Meßwerten anderer Meßgrößen korrigiert werden muß. Solche Korrekturen werden ebenfalls oft unmittelbar nach Meßwertabfrage durchgeführt, meist können sie nur mit einem linearen Programm, nicht im Zyklus ausgeführt werden.

2.2.3. *Grenzwertüberwachung und Störwertsignalisation*

Eine wichtige Aufgabe eines Prozeßrechners ist die Überwachung und Kontrolle der Prozeßvorgänge. Viele Prozeßgrößen haben einen fest vorgebbaren Bereich, in dem sie sich verändern dürfen. Ein Verlassen dieses Bereichs kann eine Gefahr für den Prozeß sein, wenigstens aber treten Qualitätsminderungen, Produktionsverringerungen usw. auf. Deshalb muß stets versucht werden, alle wichtigen Prozeßgrößen in ihren Bereichen zu halten. Um eventuelle Über- bzw. Unterschreitungen von Grenzen festzustellen, werden die Meßwerte in bestimmten Zyklen mit diesen Grenzen verglichen. Oft koppelt man den Meßwerterfassungszyklus mit dem Überwachungszyklus. Ein einfacher Überwachungsfall ist im Bild 4 dargestellt.

Zunächst jedoch einige Worte zur hier gewählten Darstellungsform für Programmablaufpläne, der Programmlinienmethode, die sich besonders für detaillierte Darstellungen eignet: Im Unterschied zur Kästchenmethode wird die Programmlinie durchgezogen, neben kleine waagerechte Striche werden die Anweisungen geschrieben. Vergleichsanweisungen werden durch P { a Θ b } dargestellt, wobei Θ ein Vergleichsoperator ist (z. B. = , < usw.). Die Wege nach Verzweigungen werden durch P (wenn Vergleich richtig) und $\overline{P}$ (wenn Vergleich falsch) gekennzeichnet. Das Zuweisungszeichen $\Leftarrow$ kann durch := ersetzt werden. An Parallelen zur Programmlinie stehen Erläuterungen, z. B. Angaben über Ein- und Ausgangsgrößen. Unterprogramme werden durch Kästchen mit doppeltem Rand dargestellt. Für weitere Einzelheiten verweisen wir auf [11]. Es folgt nun die Erläuterung des Programmablaufplans im Bild 4.

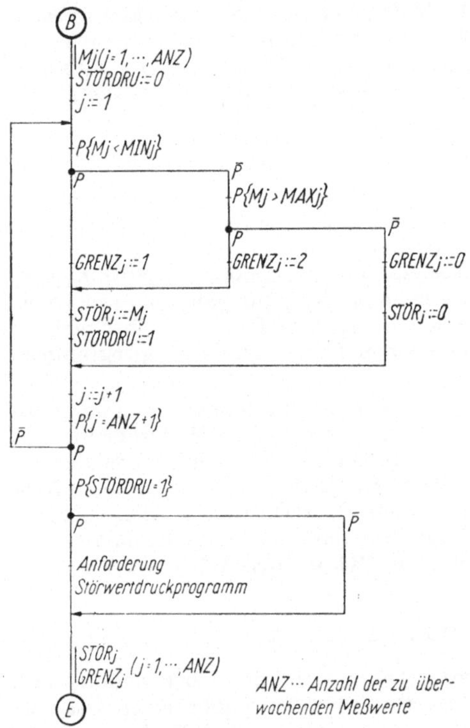

Bild 4
Programm für einfache Grenzwertüberwachung

Es wird jeder Meßwert (M_j) zunächst mit der unteren Grenze verglichen. Ist diese unterschritten, so wird der Meßwert nummerngerecht in ein besonderes Störwertfeld (STÖR) gespeichert. Die zugehörige Zelle GRENZ$_j$ erhält eine Eins als Zeichen dafür, daß die *untere* Grenze verletzt ist. Diese Zelle wird dann vom Störwertdruckprogramm als Information, welche Grenze verletzt ist, ausgewertet. Ist die untere Grenze nicht unterschritten, so wird die obere geprüft. Bei Verletzung dieser Grenze wird eine Zwei in die Zelle GRENZ$_j$ gebracht. Für die GRENZ$_j$ kann man auch einzelne Bit verwenden, es genügen hier zwei. So kann Speicherplatz gespart werden. Allerdings muß man dann mit Masken die interessierenden Bit aus Worten herausschneiden. Ist eine der Grenzen verletzt, so wird eine Eins in die Zelle STÖRDRU gebracht als Zeichen, daß das Störwertdruckprogramm im Anschluß an das Überwachungsprogramm aufgerufen werden muß. Ist keine der Grenzen verletzt, so werden Nullen in die Zellen (bzw. Bit) STÖR$_j$ und GRENZ$_j$ geschrieben. Das setzt aber voraus, daß es nicht einen Meßwert geben darf, der theoretisch den Wert Null annehmen kann, anderenfalls muß zur Kennzeichnung, daß ein Meßwert nicht seine Grenzen verlassen hat, z. B. eine sehr große Zahl benutzt werden, die nie von einem Meßwert erreicht werden kann.

Hat wenigstens ein Meßwert seinen vorgeschriebenen Bereich verlassen, so steht in der Zelle STÖRDRU der Wert 1, sonst die anfangs eingebrachte Null. Der Inhalt der Zelle STÖRDRU entscheidet, wenn alle Meßwerte überwacht worden sind, ob das Störwertdruckprogramm aufgerufen werden muß. Ist ein Aufruf erforderlich, so wird eine Anforderung für das Störwertdruckprogramm in das Programmaufrufregister geschrieben.

Komplizierter als im Bild 4 wird das Überwachungsprogramm, wenn verschiedene Arten der Grenzwertüberwachung auftreten. Es gibt häufig Meßwerte, die auf mehrere Grenzwerte überwacht werden. So kann es notwendig sein, daß beim Verlassen eines inneren Bereichs eine Vorwarnung gegeben wird, beim Verlassen eines äußeren Bereichs jedoch Alarm. Es gibt Fälle, wo einzelne Meßwerte beispielsweise auf vier obere Grenzen, andere Meßwerte auf zwei obere und zwei untere usw. überwacht werden müssen. Solche Fälle bringen ähnlich wie bei der unterschiedlichen Dimensionierung erhebliche Schwierigkeiten für den Aufbau eines Zyklus. Der einfachste Fall der Behandlung solcher Probleme ist die Einführung von Scheingrenzen für alle Meßwerte und Überwachung aller Meßwerte auf die maximal vorkommende Anzahl von Grenzen, z. B. wird eine Meßgröße, die an sich nur auf zwei obere Grenzen überwacht werden soll, ebenso wie alle anderen auf vier obere und zwei untere überwacht, weil es mindestens eine Größe gibt, die auf vier obere Grenzen und eine, die auf zwei untere überwacht werden soll. Es ist klar, daß ein solches Vorgehen beträchtlichen Verlust an Speicherplätzen zur Speicherung der Scheingrenzen, die prozeßtechnisch vollkommen uninteressant sind und nur aus programmtechnischen Gründen eingeführt werden, sowie eine erhebliche Verlängerung der Rechenzeit des Überwachungsprogramms mit sich bringt. Bei wenigen Meßgrößen, die zu überwachen sind, ist ein solches Vorgehen trotzdem sinnvoll, da sich dann andere Maßnahmen, wie sie im folgenden beschrieben werden, nicht lohnen. Bei umfangreichen Überwachungsaufgaben muß man jedoch anders vorgehen.

Im Rahmen dieses Bandes ist es nicht möglich, auf die verschiedenen Varianten, die hier angewendet werden könnten, einzugehen. Es soll hier ein ähnliches Vorgehen wie bei der Dimensionierung beschrieben werden. Zu diesem Zweck müssen die Meßwerte in Gruppen eingeteilt werden, wobei jeweils die zu einem Überwachungstyp gehörenden Werte zusammengefaßt werden. Dabei sollte man auf eine sinnvolle Beschränkung der Anzahl unterschiedlicher Gruppen achten, denn zu viele verschiedene

Gruppen erhöhen wiederum den Speicher-, aber auch den Programmieraufwand. Jeder Meßgröße wird nun eine bestimmte Information zugeteilt, die Auskunft über den Typ der Überwachung gibt, der bei der betreffenden Meßgröße angewendet werden soll. Dafür können wiederum freie Bit in bereits vorhandenen Zellen, die den einzelnen Meßgrößen zugeordnet sind (z. B. Meßstellennummern), verwendet werden, oder es werden dafür besondere Zellen eingeführt. Dabei ist es sinnvoll, die Kodierung der Typen so vorzunehmen, daß die kodierte Information zum Aufbau eines Sprungverteilers benutzt werden kann.

Im folgenden wird ein einfaches Beispiel die Methode erläutern: Es sollen vier Überwachungstypen vorhanden sein,

ein   oberer und ein unterer Grenzwert

zwei obere und zwei untere Grenzwerte

zwei obere   Grenzwerte

vier obere   Grenzwerte

Der Typ der Überwachung kann also mit 2 bit kodiert werden (vorausgesetzt, daß nicht noch Meßgrößen vorhanden sind, die gar nicht überwacht werden). Es sei z. B. die Kodierung der vier Gruppen in irgendwelchen 2 bit:

erste   Gruppe: 0   0

zweite Gruppe: 0   1

dritte Gruppe: 1   0

vierte Gruppe: 1   1

Soll ein bestimmter Meßwert überwacht werden, so wird zunächst die ihm zugeordnete Kodierung der Überwachungsgruppe geholt. Diese wird in eine solche Lage gebracht, daß sie zu einer Adresse eines Befehls addiert werden kann. Nun wird ein durch die Kodierung der Überwachungsgruppe modifizierter Sprung zu einer Zelle (z. B. a) durchgeführt, ab der die Sprünge zu den vier Teilprogrammen, die den vier Überwachungsgruppen entsprechen, gespeichert sind. Also wird ausgeführt:

Sprung unbedingt   a (+„gruppe")

In der Zelle a steht:

Sprung unbedingt   Anfang Teilprogramm für erste Gruppe

Zelle a+1:

Sprung unbedingt   Anfang Teilprogramm für zweite Gruppe

Zelle a+2:

Sprung unbedingt   Anfang Teilprogramm für dritte Gruppe

Zelle a+3:

Sprung unbedingt   Anfang Teilprogramm für vierte Gruppe

Dabei bedeutet die Bezeichnung „gruppe" die als Adresse deutbare Form der Kodierung der Überwachungsgruppe.

In dieser Weise kann man immer das Problem lösen, in einem Zyklus zu behandelnde Größen in verschiedene Gruppen einzuteilen und unterschiedlich zu bearbeiten. Der Programmierer muß jedoch in jedem Fall versuchen, die günstigste Variante zu finden.

Die Ergebnisse der Grenzwertüberwachung müssen in geeigneter Form nach außen gebracht werden. Wenn die Meßgrößen sich im vorgesehenen Bereich befinden, wird im allgemeinen keine Anzeige vorgenommen, dagegen wird bei Verletzung einer Grenze meist ein *Störwertprotokoll* ausgedruckt (Störwertdruckprogramm). Das Störwertprotokoll sollte wenigstens folgende Angaben enthalten:

Uhrzeit
Meßstellennummer oder Meßstellenbezeichnung
Meßwert
Hinweis, ob obere oder untere Grenze verletzt ist

Man wird, sofern die Ausgabegeräte die Möglichkeit bieten, vorsehen, daß die Störwertprotokolle in roter Farbe geschrieben werden. Individuell können diese Protokolle auch noch andere Angaben enthalten, z. B. die Differenz des Meßwerts zu der verletzten Grenze, die Differenz des Meßwerts zu einem Mittelwert u. ä. Es kann auch notwendig sein, daß wiederum ein Ausdruck erfolgt, wenn die Meßgröße wieder in ihren zulässigen Bereich zurückkehrt. Ein besonders zu betrachtendes Problem ist der Abstand der Wiederholung der Störwertdrucke.
Eine Verletzung von Grenzen steht im allgemeinen eine gewisse Zeit an, sie ist auf jeden Fall meist noch erhalten, wenn der Meßwert aufs neue überwacht wird. Oft wird zu dieser Zeit aber noch nicht einmal der Ausdruck der ersten Störmeldung beendet sein, vor allem dann nicht, wenn zur gleichen Zeit mehrere Grenzwertverletzungen aufgetreten sind, was häufig der Fall ist. Es hat dann keinen Sinn, neue Störwertausdrucke zu veranlassen. Entweder man sieht einen bestimmten Zeitabstand für zwei aufeinanderfolgende Ausdrucke *eines* Störwerts vor, oder man druckt eine Störmeldung prinzipiell nur einmal aus und überläßt es dem Bedienungspersonal (Anlagenfahrer) durch Handanforderungen über das Bedienpult weitere Informationen über den Verlauf der Grenzwertverletzung einzuholen, um sich vom Erfolg evtl. eingeleiteter Gegenmaßnahmen zu überzeugen. Eine andere Möglichkeit der Signalisation von aufgetretenen Störwerten ist die Ausgabe über digitale Ausgabeeinrichtungen zur Anzeige an Lampen. Bei digitalen Ausgängen kann an jedes einzelne Bit ein Relais angeschlossen werden, an dem z. B. ein Lämpchen liegt. Vom Rechner können die Bit (im allgemeinen in Gruppen zusammengefaßt) verändert werden, d. h., die Lämpchen können ein- und ausgeschaltet werden. Ordnet man bestimmten Meßgrößen bestimmte Lämpchen zu, so kann man sehr schnell die Tatsache einer Grenzwertverletzung dem Bedienpersonal mitteilen. Damit ist zwar ein Störwertprotokoll nicht ersetzt, jedoch genügt häufig bei einer Reihe von weniger wichtigen Meßgrößen eine solche Form der Anzeige. Außerdem ist das Ende einer Grenzwertverletzung leicht zu erkennen, da dann die Lämpchen vom Programm her abgeschaltet werden. Die Programmierung einer solchen Signalisation ist nicht schwierig und verläuft ähnlich wie die im Abschn. 2.2.6. beschriebene Ausgabe von Steuerwerten.
Bei den Programmen für den Ausdruck von Störwerten sowie den Programmen zur Signalisation durch Lämpchen handelt es sich um typische bedingungsgesteuerte Programme. *Ein gehäuftes Auftreten von Störwerten kann zu beträchtlichen Schwierigkeiten bei der Einhaltung der Toleranzzeiten der anderen Programme führen.*

2.2.4. *Protokollierung*

Für viele Zwecke ist es erforderlich, daß in bestimmten Abständen Prozeßwerte ausgedruckt werden. Solche *Protokolle* benötigt man beispielsweise, um einen ständigen Überblick über die Verhältnisse im Prozeß zu haben (auch wenn keine Grenzwertverletzungen aufgetreten sind), um bei Reklamationen und Qualitätsminderungen die Ursachen festzustellen, um externe Abrechnungen und Auswertungen sowie Prozeßuntersuchungen u. ä. durchführen zu können. Das Grundprinzip bei der Protokollierung sollte sein: sowenig und so selten wie irgend möglich. Die Gefahr bei der Protokollierung besteht eindeutig darin, daß viel zu umfangreiche Mengen von bedrucktem Papier, das niemand auswerten kann, produziert werden. Die Auswahl der zu protokollierenden Meßwerte und der Zeitabstand der Protokolle muß daher äußerst verantwortungsbewußt vorgenommen werden. Jedoch ist es meist erforderlich, Protokolle im Abstand von wenigen Minuten vorzunehmen, wobei es sich dabei aber nur um einige wenige Prozeßwerte handeln kann. In größeren Abständen (eine bis mehrere Stunden) sind oft Protokolle aller erfaßten Meßwerte erforderlich.

Allgemeine Richtlinien für den Aufbau der Protokolle, den der Programmierer zu realisieren hat, sind nicht möglich. Aber analog zu den Störwertprotokollen muß man die Uhrzeit, Meßstellennummer bzw. alphanumerische Meßstellenbezeichnung, Meßwert (meist mit Dimension, wenigstens abgekürzt, verlangt), evtl. auch Tendenzwert, d. h. beispielsweise Differenz zu einem laufend berechneten Mittelwert, vorsehen. Dabei ist auf eine übersichtliche Tabellenform zu achten, damit auch bei notwendigen schnellen Entscheidungen die Übersicht gewahrt bleibt. Günstig ist es, wenn in vorgedruckte Formulare geschrieben werden kann, da dann beträchtliche Druckzeit für die Meßstellenbezeichnung und die Dimension gespart wird. Es ist klar, daß bei der Protokollierung die dimensionierten, evtl. korrigierten Meßwerte verwendet werden.

Die Programmierung der Protokollierung hängt sehr stark von den Ausgabeeigenschaften der speziellen Maschine ab. Meist werden spezielle Druckprogramme aufgestellt, die zeitgeschachtelt zu anderen Programmen abgearbeitet werden, d. h., immer dann, wenn ein Zeichen ausgedruckt worden ist, wird ein laufendes Programm unterbrochen und ein Stück des Druckprogramms abgearbeitet bis zur Ausgabe des nächsten Zeichens. Bei anderen Anlagen wird ein Druckprogramm soweit abgearbeitet, bis die zu druckenden Informationen ein Druckregister (Puffer) vollgefüllt haben. Dann wird der Puffer ausgedruckt, währenddessen ein anderes Programm abgearbeitet werden kann. Ist der Puffer leer, so wird eine Programmunterbrechung veranlaßt (oder wenigstens angemeldet), und der Puffer wird aufs neue vom Druckprogramm gefüllt. Es gibt Anlagen, die zwar parallel zur Programmabarbeitung drucken, aber das Ende des Druckes nicht anzeigen. In solchen Fällen muß man etwa abschätzen, wieviel Befehle abgearbeitet werden können, bis ein neuer Druckbefehl kommen darf. Gibt man in zu schneller Folge, so muß die Maschine bis zur Beendigung eines laufenden Druckbefehls mit der Ausführung eines neuen warten und kann in dieser Zeit auch keine anderen Befehle ausführen. Besonders bei der Abschätzung von Rechenzeit und Speicheraufwand für einen Prozeßrechnereinsatz ist eine möglichst gründliche Betrachtung der Druckprogramme erforderlich.

Die Protokolle müssen, wie bereits gesagt, auch die Uhrzeit enthalten. Diese erhält die Maschine meist von einem digitalen Zähler, der in der Maschine eingebaut ist und die Sekunden oder Minuten zählt. Am Anfang des Protokolls ist das Datum zu setzen, das mit Hilfe eines Kalenderprogramms berechnet werden kann.

2.2.5. *Verarbeitung der Prozeßdaten*

Die dem Prozeßrechner mitgeteilten Werte des Prozesses können von diesem auf die unterschiedlichste Weise ausgewertet werden. Die einfachste Form ist die *Meßwertverarbeitung im prozeßgekoppelt-offenem Betrieb* („online", „open-loop"). Neben der bereits erwähnten Protokollierung, der Grenzwertüberwachung sowie der Störwertsignalisation werden Anweisungen für Eingriffe in den Prozeß und Wartungshinweise an den Anlagenfahrer gegeben. Außerdem werden wichtige Prozeßkennziffern, wie Wirkungsgrade, korrigierte Analysenwerte usw., berechnet.

Der Rechner kann auch auf der Ausgangsseite mit dem Prozeß gekoppelt werden („on-line", „closed-loop"). Er übernimmt dann beispielsweise die reine Steuerung des Prozesses (Ablaufsteuerung), die optimale Einstellung von wichtigen Prozeßgrößen, die Vorgabe von Sollwerten für Regler oder die Aufgaben der digitalen Vielfachregelung (DDC). Bei der optimalen Prozeßführung gibt es zwei Möglichkeiten der Arbeitsweise:

Vorwärtsoptimierung, wo im Rechner ein möglichst genaues Modell des zu steuernden Prozesses vorhanden sein muß

Rückwärtsoptimierung, wo der Rechner nach einer vorgegebenen Strategie versucht, durch gezielte Eingriffe in den Prozeß und die Auswertung der dadurch ausgelösten Reaktionen den optimalen Prozeßablauf zu finden

Das sind bei weitem nicht alle Einsatzmöglichkeiten eines Prozeßrechners, jedoch kann im Rahmen dieses Bandes nicht näher auf diese Probleme eingegangen werden (s. RA 68 und RA 78).

Vom Standpunkt des Programmierers des Prozeßrechners bieten die Programme für das mathematische Modell, die Optimierungsstrategien und ähnliche Verarbeitungsprogramme keine besonderen über die normalen Programmierungen hinausgehenden Probleme. Das wichtigste ist, daß die Programme so geschrieben sind, daß sie in die Konzeption des gesamten Programmsystems passen. Sie müssen sich beispielsweise genau an die Arbeitsweise mit den gemeinsamen Daten vieler Programme (z. B. Prozeßwerte) halten. Ein Programm darf keine Daten verändern, wenn nicht absolut gesichert ist, daß kein einziges Programm die alten Werte noch benötigt. Da dies häufig bei der Programmierung sehr schwer zu überblicken ist, muß vor dem in der normalen Programmierung üblichen mehrfachen Benutzung von Speicherplätzen für verschiedene Zwecke ausdrücklich gewarnt werden. Dies ist nur bei internen Größen innerhalb eines Programms sinnvoll.

In diesem Zusammenhang sei noch einmal auf die Notwendigkeit einer engsten Zusammenarbeit zwischen allen beteiligten Programmierern erinnert. Es müssen z. B. genaue, einheitliche Festlegungen getroffen werden über

Bezeichnung und Speicheradressen aller vorkommenden Größen

einheitliche Form der Abspeicherung der Größen (z. B. im Festkomma oder im Gleitkomma)

klare Verteilung der Ein- und Ausgabefunktionen auf die einzelnen Programme

Solche Festlegungen müssen möglichst vor Beginn der Feinprogrammierung durchgeführt werden, da eine Vereinheitlichung zu einem späteren Zeitpunkt, wenn jeder Programmierer schon in der Programmierung fortgeschritten ist, sehr schwer möglich ist.
Änderungen eines Programmierers führen oft zu umfangreichen Änderungen in vielen anderen Programmen. Arbeiten mehrere Programmierer an einem Programm, so sind zusätzlich noch genaue Absprachen über die Anschlußstellen und die nahtlose Übergabe von Daten notwendig.

2.2.6. *Ausgabe von Steuerwerten und Hinweisen für den Anlagenfahrer*

Bei den Hinweisen für den Anlagenfahrer oder anderes Bedienungspersonal handelt es sich um normale Drucke von Informationen über Schreibmaschinen oder andere Druckgeräte. Der Programmierer muß oft, um Speicherplatz zu sparen, darauf achten, daß solche Mitteilungen möglichst kurz sind, da ein Buchstabe gewöhnlich, je nach Kodierung, 5, 6 oder 8 bit belegt. Es müssen daher möglichst sinnvolle Abkürzungen gefunden werden. Wichtig ist auch, daß programmtechnische Vorkehrungen getroffen werden, damit beim Vorliegen einer Ursache für eine Mitteilung diese nicht zu häufig ausgegeben wird.
Außerdem sollte darauf geachtet werden, daß nicht für zwei verschiedene Zustände im Prozeß, die aber erfahrungsgemäß immer zusammen auftreten, sich möglicherweise sogar bedingen, zwei verschiedene Mitteilungen vorgesehen werden, sondern durch den Einbau von logischen Entscheidungen nur eine Mitteilung ausgegeben wird.
Arbeitet ein Prozeßrechner im geschlossenen Kreis, d. h., ist er auch ausgangsseitig an den Prozeß angeschlossen, so ist die Ausgabe von Steuerwerten direkt an Stellorgane erforderlich. Diesem Problem ist die gleiche Aufmerksamkeit zu widmen wie der Erfassung von Prozeßdaten. Auch hier ist im allgemeinen eine zyklische Wiederholung der Programme erforderlich. Von den Verarbeitungsprogrammen müssen die Steuerwerte berechnet und in bestimmten Zellen bereitgestellt werden. Die Programme für die Steuerwertausgabe entnehmen diese Werte dann diesen Zellen und geben sie auf die Ausgabegeräte an den Prozeß. Die Ausgabe selbst ist ähnlich wie bei der Druckausgabe von Anlage zu Anlage sehr unterschiedlich realisiert. Allgemeine Vorschriften können daher nicht angegeben werden. *In jedem Fall sind aber Sicherungsvorkehrungen zu treffen, damit möglichst keine falschen Werte an den Prozeß gegeben werden,* da das u. U. katastrophale Folgen haben kann. Individuell müssen für jeden Fall solche Maßnahmen festgelegt werden. Eine einfache Methode ist die Grenzwertüberwachung der in den Prozeß gehenden Werte. Die Werte werden

nur dann ausgegeben, wenn sie innerhalb eines vorgegebenen Grenzen-
paars liegen. Andere Möglichkeiten sind z. B. das zweimalige Durchlaufen
bestimmter Programme mit anschließendem Vergleich der Ergebnisse oder,
in bestimmten schwerwiegenden Fällen, ein Ausdruck der Stellwerte und
Ausgabe an den Prozeß erst dann, wenn der Anlagenfahrer quittiert hat
(durch Betätigung einer Taste am Bedienpult). Die letztere Möglichkeit
ist nur dann durchführbar, wenn nur wenige Steuerwerte und die noch
in geringer Frequenz auszugeben sind.

2.2.7. *Einige weitere wichtige Programme*

Im folgenden werden einige Programme für Meßwertverarbeitung kurz
erläutert, die bei vielen Einsatzfällen gebraucht werden.

1. *Meßwertglättung*

   Ist eine Meßgröße z. B. mit irgendwelchen hochfrequenten Störungen
   überlagert, so ist notwendig, daß eine periodische Mittelwertbildung
   erfolgt und für weitere Untersuchungen nur die Mittelwerte benutzt
   werden.

2. *Tendenzwertberechnung und -überwachung*

   Interessiert die zeitliche Änderung eines Meßwerts, so werden die Diffe-
   renzquotienten bestimmt und gegebenenfalls auf die Einhaltung eines
   vorgegebenen Bereichs überwacht.

3. *Integration*

   Für Bilanzierungszwecke interessiert oft der Gesamtverbrauch eines
   Einsatzstoffs bzw. die Gesamtproduktion von einem Ausgangsprodukt.
   Zu diesem Zweck muß das Zeitintegral der Meßgröße gebildet werden,
   was ersetzt wird durch eine Aufsummierung der Meßwerte und an-
   schließende Multiplikation mit dem Zeitabstand von zwei Abfragen.

4. *Auswertung von Zweipunktsignalen*

   Schalterstellungen und andere Glieder des Prozesses, die ein 0/1-Signal
   liefern, werden in Gruppen abgefragt, als ob es sich um digitale Meßwerte handelte. Dabei hat jedoch das abgefragte Wort als Ganzes
   keinen Sinn, sondern nur die einzelnen Bit. Meist geht es bei der Auswertung abgefragter Zweipunktsignale darum, festzustellen, welche Bit
   sich gegenüber der vorhergehenden Abfrage verändert haben. Dies kann
   am bequemsten mit der *Operation der Ungleichheit* (oder auch Addition
   modulo 2) erfolgen. Diese Operation ist folgendermaßen definiert:

$$0 +_2 0 = 0$$
$$0 +_2 1 = 1$$
$$1 +_2 0 = 1$$
$$1 +_2 1 = 0$$

$(+_2$ Operationssymbol für Addition mod 2)

Die Operation liefert genau dann 1 als Ergebnis, wenn die beiden
Operanden verschieden sind. Verknüpft man auf diese Weise zwei
Binärmuster, die aus aufeinanderfolgenden Abfragen von Zweipunktsignalen entstanden sind, so erhält man sofort die Bit, die sich verändert haben, diese können dann einzeln ausgewertet werden. Ist die

Operation der Addition modulo 2 nicht in der Maschine realisiert, so
kann sie ersetzt werden durch

$$(a \wedge \overline{b}) \vee (\overline{a} \wedge b) \, ,$$

wobei a und b Binärmuster sind.

Beispiel

Erste Abfrage von sechs Zweipunktsignalen:	0 0 1 1 0 1
Zweite Abfrage von sechs Zweipunktsignalen:	0 1 1 0 1 1
Bildung der Addition modulo 2:	0 1 0 1 1 0

Für die Bestimmung der Bits, die sich verändert haben, aus dem
Ergebnis der Addition modulo 2 kann man die Verschiebung nach links
benutzen. Man verschiebt jeweils um eine Dualstelle nach links und
testet, ob das Resultat der Verschiebung negativ ist. Ist das der Fall,
so ist eine Eins in die Vorzeichenstelle der „Zahl" eingelaufen. Wenn
man bei den Verschiebungen noch gezählt hat, so kann man daraus
die Stelle ableiten, wo die Eins ursprünglich stand. Bei Anlagen, die
einen Test auf Festkommaüberlauf zulassen (d. h. bei einem Festkommaüberlauf nicht automatisch stoppen), kann man auch so lange
verschieben, bis ein solcher Überlauf eintritt. Die weiteren Stellen,
die mit 1 besetzt sind, findet man in beiden Fällen durch einfaches
Weiterverschieben und Weiterzählen.

5. *Betriebsstundenzählung*

Von einem Aggregat werden die Stunden gezählt, in denen es in Be-
trieb ist. Dazu sind die Zweipunktsignale, die das Ein- und Ausschalten
mitteilen, entsprechend auszuwerten, anhand der internen Uhr der
Zeitabstand zwischen einem Einschalten und dem darauffolgenden
Ausschalten festzustellen und diese Werte aufzusummieren. Am
Schichtende oder zu anderen Zeitpunkten erfolgt der Ausdruck der
Ergebnisse.

2.3. Hilfsprogramme

Sowohl für die Periode der Testung der Programme als auch im Dauerbetrieb ist eine Reihe von Hilfsprogrammen notwendig. Besonders muß
auf gute Testprogramme für die Funktionsfähigkeit der Anlage geachtet
werden, damit einerseits Fehler in der Anlage schnell erkannt werden und
andererseits diese Fehler schnell und sicher lokalisiert werden können, um
größere Stillstandszeiten der Anlage zu vermeiden. Das ist besonders bei
einem Closed-loop-Betrieb notwendig, da bei Stillstand der Anlage im
allgemeinen mit den bisher berechneten Werten weitergearbeitet werden
muß, die aber meist den Prozeß nicht auf dem optimalen Stand halten.

2.3.1. *Hilfsmittel beim Testen der Programme*

Hinsichtlich der Programmtestung muß man bei der Echtzeitverarbeitung
zwei Arten unterscheiden. Es gibt eine Reihe von Programmen, z. B. die

Verarbeitungsprogramme, die Grenzwertüberwachungsprogramme, Dimensionierungs- und Korrekturprogramme u. a., die praktisch ohne besondere Vorkehrungen getestet werden können. Das Testen unterscheidet sich nur wenig vom Testen von Programmen an konventionellen Rechnern. Allerdings gibt es oft Programme, die sich ihre Eingangswerte nicht selbst beschaffen, sondern sie von anderen Programmen übernehmen. Diese Werte müssen vor Beginn der Testung in den Speicher gebracht werden. Man muß also stets eine Reihe von Zwischenergebnissen u. ä. auf Lochstreifen bzw. ein Programm zur Erzeugung solcher Werte vorliegen haben. Ebenso ist es mit der Ausgabe der von einem Programm berechneten Werte. Sie werden häufig einfach abgespeichert und so anderen Programmen zur Verfügung gestellt. Man muß nun durch ein Hilfsprogramm dafür sorgen, daß diese Werte ausgedruckt werden. Aber trotz dieser zusätzlichen Anforderungen geht die Testung solcher Programme ohne besondere Schwierigkeiten vonstatten.

Der andere Typ von Programmen sind die, die entweder Verbindung mit dem Prozeß herstellen (eingangs- oder ausgangsseitig) oder für die Einhaltung der Echtzeit im Rechner verantwortlich sind. Das Testen dieser Programme ist wesentlich komplizierter.

Testen der Erfassungsprogramme

Die für den Programmierer bequemste Methode ist die Anwendung von simulierten Meßwerten, z. B. mit Hilfe von Potentiometern. Dann kann das Programm abgearbeitet werden, als ob der Prozeß an den Rechner angeschlossen wäre. Wichtig ist dabei, daß durch verschiedene Einstellung der Potentiometer auch wirklich alle denkbaren Zustände des Prozesses simuliert werden, um die Arbeit der Programme auch unter selten eintretenden Prozeßbedingungen zu überprüfen. Das gilt auch für die Verarbeitungsprogramme, Überwachungsprogramme usw.

Ist eine Simulierung der Prozeßeingänge durch technische Mittel nicht möglich, so muß in der ersten Phase der Testung ein Hilfsprogramm einspringen, das die Prozeßeingänge simuliert. Dieses Programm erhält die gleichen Informationen wie die Erfassungseinheit (Meßstellennummer, Verstärkungsgrad) und gibt daraufhin den Meßwert ab. In einer zweiten Phase ist dann das Programm im On-line-Betrieb zu testen.

Testen der Programme für Steuerwertausgabe

Hier muß ein Hilfsprogramm die Druckausgabe der an sich an den Prozeß auszugebenden Werte übernehmen. Diesem Programm werden die Informationen in derselben Weise übergeben, wie das bei der Ausgabe an den Prozeß der Fall ist, und durch dieses Hilfsprogramm erfolgt der Ausdruck der Steuerwerte. Unter ständiger genauer Kontrolle ist anschließend ein Test am Prozeß erforderlich.

Testen der Organisationsprogramme

Für die Durchführung dieser Tests ist ein genauer Plan aufzustellen, in dem die einzelnen Schritte der Testung festgelegt sind. Es ist darauf zu achten, daß alle sinnvollen Kombinationen der Programmanforderungen vorkommen. Zunächst wird man mit einem Anwendungsprogramm den Test durchführen, am günstigsten ist oft ein ganz einfaches, evtl. extra dafür geschriebenes. Nach und nach werden dann die Tests mit immer mehr Anwendungsprogrammen bis zum gesamten System von Programmen durchgeführt. Günstig ist es, wenn man dabei vorsieht, daß jeweils vor dem Ansprung eines speziellen Programms erst über ein Hilfsprogramm gegangen wird, das einige Informationen ausdruckt (z. B. die Uhrzeit zur Überprüfung der Zeitschritthaltung und der Einhaltung der vorgegebenen Toleranzen für die Programme, den Namen des Programms bzw. die Speicherzelle des Programmanfangs usw.). Anhand solcher Druckprotokolle kann dann der Ablauf der Abarbeitung der gesamten Programme beobachtet werden, obwohl durch die zusätzlichen Drucke, die ja für den Dauerbetrieb nicht eingeplant sind, wieder Störungen in der Zeitschritthaltung auftreten können. Steht ein schnelleres Ausgabegerät als Schreibmaschinen für diese Tests zur Verfügung, so sollte es unter allen Umständen genutzt werden. Es ist auch sinnvoll, bei Unklarheiten Maßnahmen zu treffen, die die Programmunterbrechungen protokollieren.

2.3.2. *Test- und Diagnostikprogramme für die Anlage*

Bei der Inbetriebnahme der Anlage und auch im Dauerbetrieb sind laufende Überprüfungen der Funktionstüchtigkeit der gesamten Anlage erforderlich. Dazu ist eine Reihe von Test- und Diagnostikprogrammen bereitzustellen. Testprogramme untersuchen einzelne Teile der Anlage auf richtiges Arbeiten. So gibt es Testprogramme für den Hauptspeicher, für das Rechenwerk, die Meßwerterfassungseinheit usw. Diese Programme müssen stets in Zeitlücken, die nicht von Nutzprogrammen belegt sind, abgearbeitet werden. Stellen die Testprogramme einen Fehler fest, so ist bei einer Echtzeitanlage zu verlangen, daß die Maschine nicht sofort stoppt, sondern zunächst versucht wird, den Schaden auf andere Weise zu beheben. Fehler können auch durch Fehlererkennungssysteme der Hardware während der Bearbeitung von Nutzprogrammen entdeckt werden. Man unterscheidet grob drei Arten von Fehlern:

1. *Permanente Fehler*, die, sind sie einmal aufgetreten, immer vorhanden sind.
2. *Zufällig auftretende Fehler*, die nur gelegentlich auftauchen, aber sofort wieder verschwinden. Ihr Erscheinen hängt von (meist unbekannten) Kombinationen von Daten, speziellen Befehlen u. a. ab. Sie sind am schwierigsten zu behandeln, da sie von Diagnostikprogrammen nicht lokalisiert werden können.
3. *Einmalig auftretende Fehler*, sie werden vorübergehende Fehler genannt, sie können nicht wiederholt werden. Ihre Ursachen sind z. B. Staub, Geräusche u. ä.

In Abhängigkeit von der Art der Fehler können verschiedene Fortsetzungen vorgenommen werden. Da ja zunächst im allgemeinen die Fehlerart unbekannt ist, wird man in einer bestimmten Reihenfolge Maßnahmen ausprobieren.
Zunächst wird man versuchen, die Anweisung, bei deren Bearbeitung der Fehler festgestellt worden ist, einfach zu wiederholen. Handelt es sich um einen zufällig auftretenden Fehler oder gar um einen einmalig auftretenden Fehler, so wird dies in den meisten Fällen zum Erfolg führen.

Nur dann gibt es Schwierigkeiten, wenn die Anweisung, bei der der Fehler
entdeckt worden ist, Rechengrößen benötigt, die sie selbst noch verändert.
Dann ist eine Fortsetzung des Nutzprogramms nicht möglich, und es muß
von vorn begonnen werden. Tritt derselbe Fehler bei der Wiederholung
wieder auf, so handelt es sich offenbar um einen permanenten Fehler.
Dann kann man gegebenenfalls noch versuchen, mit einer abgerüsteten
Variante der Programme noch Teilfunktionen der Prozeßsteuerungs-
aufgabe zu erfüllen. Ist dies jedoch nicht möglich oder sinnvoll, dann muß
der Fehler angezeigt werden, ein entsprechend vorbereitetes Diagnostik-
programm muß den Fehler so weit wie möglich lokalisieren, daraufhin
werden Informationen über die möglichen Fehlerursachen ausgeschrieben,
und die Maschine geht in einen Wartezustand oder in Stop.
Die Aufstellung der Test- und Diagnostikprogramme erfordert sehr spezielle Kenntnisse über die Anlage selbst. Der Programmierer kann besten-
falls die Grundkonzeptionen dieser Programme, die von den Anlagen-
spezialisten vorzugeben sind, in echte Programme umsetzen. Häufig wird
ein bestimmter Satz solcher Programme vom Hersteller mitgeliefert, und
der Anwender schafft sich nur noch einige zusätzliche, auf seine spezielle
Anlage besonders zugeschnittene und gibt über Spezialprogramme eine
bestimmte Bearbeitungsart und -folge dieser Programme vor.

2.3.3. *Einige weitere Hilfsprogramme*

Für einige Funktionen einer Rechenanlage, unabhängig davon, ob sie
Stapel- oder Echtzeitverarbeitung durchführt, sind noch weitere Programme notwendig. Dazu gehören z. B. folgende Programme:

1. *Bedienungsprogramme* für übliche Ein- und Ausgabegeräte (wie Lochstreifenleser und -stanzer, Drucker, periphere Speicher).
2. *Übersetzungsprogramme*, sofern eine Programmierung in einer höherorganisierten Programmiersprache möglich ist (s. Abschn. 6.).
3. *Konvertierungsprogramme* für die Überführung von Daten von einer
   Darstellungsform in eine andere, z. B. zur Umkodierung von einem
   internen Kode in einen externen (zur Ausgabe) oder zur Umwandlung
   von Zahlen vom Dezimalsystem in das Dualsystem und umgekehrt.
4. *Speicherausdruckprogramme*, die bestimmte, vom Bediener vorgebbare
   Speicherbereiche ausdrucken (für Kontrollzwecke).
5. *Kopier- und Änderungsprogramme*, die z. B. Lochstreifen kopieren und
   dabei die über Schreibmaschine oder ebenfalls über Lochstreifenleser
   angegebenen Änderungen berücksichtigen.
6. *Protokollprogramme*, unter deren Regie eine Programmtestung vorgenommen werden kann. Sie drucken nach jedem ausgeführten Befehl
   die Inhalte des Akkumulators, wichtiger Register, den Befehlszählerstand usw. aus. So kann man genau den Ablauf des Programms ver-
   folgen. Das ersetzt die kostspielige Testung eines Programms an der
   Anlage durch Abarbeitung des Programms im Schrittbetrieb und an-
   schließendes Überprüfen der Anzeigen am Bedienpult.

Es gehören in diese Reihe noch eine ganze Anzahl weiterer Programme
auf die im Rahmen dieses Bandes nicht eingegangen werden kann.

3. Aufbau, Arbeitsweise und Programmierung des Prozeßrechners PR 2000

3.1. Prozeßrechner PR 2000

Der digitale Prozeßrechner PR 2000 besteht aus der Zentraleinheit (Bild 5), dem zentralen Steuerpult, der Meßwerterfassungs- und Steuerwertausgabeeinheit (kombiniert) und aus Schreibautomaten, Meßwertdruckern und zusätzlichen Eingabestationen, die eine Digitalanzeige und eine Reihe von Dekadenschaltern zur Eingabe umfassen. Der Informationsaustausch zwischen der Zentraleinheit und den externen Einheiten erfolgt über Puffer.

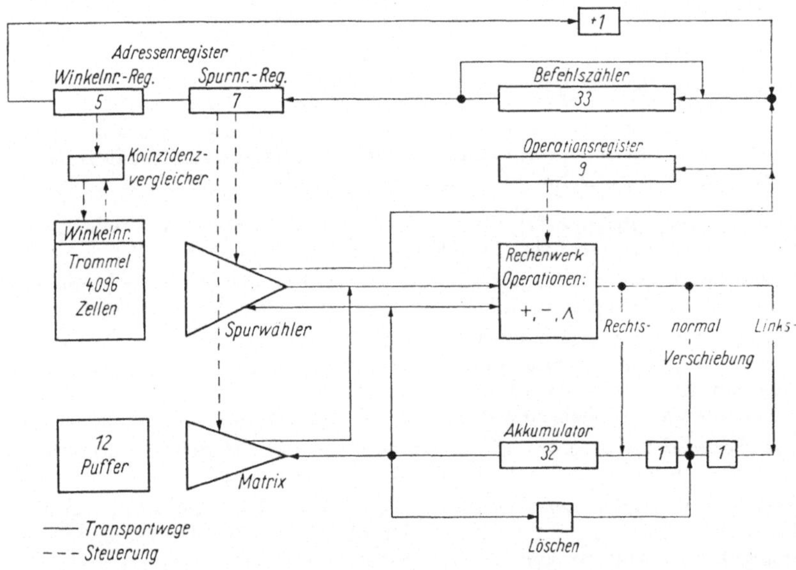

Bild 5. Blockschaltbild der Zentraleinheit des PR 2000

3.1.1. Zentraleinheit

Die Zentraleinheit besteht aus dem *Rechenwerk*, dem *Leitwerk* und dem *Speicher*. Der PR 2000 hat einen Trommelspeicher mit 4096 Speicherzellen, das sind 128 Spuren (Kreise, die beim senkrechten Schnitt des Trommelmantels mit einer Ebene entstehen) zu je 32 Zellen (Sektoren des Kreises). Es wird mit einer festen Wortlänge von 33 bit gearbeitet. Die Trommel rotiert mit einer Geschwindigkeit von 18000 U/min, das sind 300 Hz. Damit wird die *Taktfrequenz* (Impulsfolgefrequenz) festgelegt. Sie ist das Produkt aus der Informationsdichte auf einer Spur und der Trommelfrequenz:

$$32 \text{ Worte} \times 33 \text{ bit} \times 300 \text{ Hz} = 316{,}8 \text{ kHz}$$

Für jede Trommelspur gibt es einen kombinierten Schreib- und Lesekopf. Mit Hilfe dieser Magnetköpfe werden die Informationen auf die gewünschten Zellen gebracht oder von diesen Zellen entnommen. Um eine spezielle Zelle beschreiben bzw. lesen zu können, muß gewartet werden, bis diese Zelle unter dem Kopf erscheint. Diese Wartezeit bezeichnet man als *Zugriffszeit*. Sie kann zwischen 0 und 3,3 ms liegen, wobei 3,3 ms die Zeit einer vollen Trommelumdrehung ist.

In den einzelnen Zellen des Speichers werden die Informationen (Befehle, Zahlen, Text) untergebracht.

Gelangt eine Information vom Speicher in das Rechenwerk, so wird sie als Zahl interpretiert, im Leitwerk als Befehl. Auf Grund dieser Tatsache ist es möglich, im Rechenwerk mit Befehlen wie mit Zahlen zu operieren (z. B. Verwendung bei der Adressenrechnung).

Der PR 2000 ist eine *Einadreßmaschine*, ein Befehl besteht aus einer Adresse (Nummer einer Zelle) und einem Operationssymbol. Zum Rechenwerk gehört ein Spezialregister, der *Akkumulator*. Bei Rechenoperationen wird der Inhalt des Akkumulators mit dem Inhalt der im Befehl angegebenen Zelle entsprechend dem Operationssymbol verknüpft (z. B. Addition). Das Resultat der Verknüpfung (z. B. Summe) erscheint im Akkumulator oder in der Zelle.

Zum Leitwerk gehören das *Befehlsregister*, der *Befehlszähler*, eine Einrichtung zur Erhöhung des Befehlszählerstands um eine Einheit und die zur Entschlüsselung des Befehls nötigen Bestandteile. Wie angeführt, besteht ein Befehl aus dem Adressen- und dem Operationsteil. Entsprechend ist auch das Befehlsregister in ein Adressen- und ein Operationsregister unterteilt. Das Adressenregister wiederum besteht aus dem Spurnummern- und dem Winkelnummernregister. Der Inhalt des Spurnummernregisters wird in einer Matrixschaltung entschlüsselt. Es wird der gewünschte Magnetkopf angewählt. Der Inhalt des Winkelnummernregisters bestimmt die Zelle (den Sektor) auf dieser Spur. Um diese Zelle zu erreichen, muß der Inhalt des Winkelnummernregisters fortlaufend mit der Winkelnummer der gerade unter dem Magnetkopf befindlichen Zelle verglichen werden. Die Winkelnummern sind zu diesem Vergleich auf einer zusätzlichen Spur der Trommel untergebracht. Sie laufen nacheinander in einen sog. *Koinzidenz*vergleicher ein und werden hier dem Inhalt des Winkelnummernregisters gegenübergestellt. Bei Gleichheit kann die Operation beginnen. Der Inhalt des Operationsregisters bewirkt eine entsprechende Einstellung des Rechenwerks.

Bei einer Einadreßmaschine sind die Befehle eines Programms in zahlenmäßig aufeinanderfolgenden Zellen untergebracht. Im Befehlszähler steht die Adresse des abzuarbeitenden Befehls. Nach dessen Ausführung wird der Befehlszählerstand um eine Einheit erhöht und der nächste Befehl aus der nächsten Zelle entnommen. Soll diese normale Befehlsfolge verlassen werden, so kann das mit Sprungbefehlen erfolgen. Bei Sprungbefehlen wird der Adressenteil des Befehls nicht als Operandenadresse, sondern als Adresse des nächsten Befehls interpretiert.

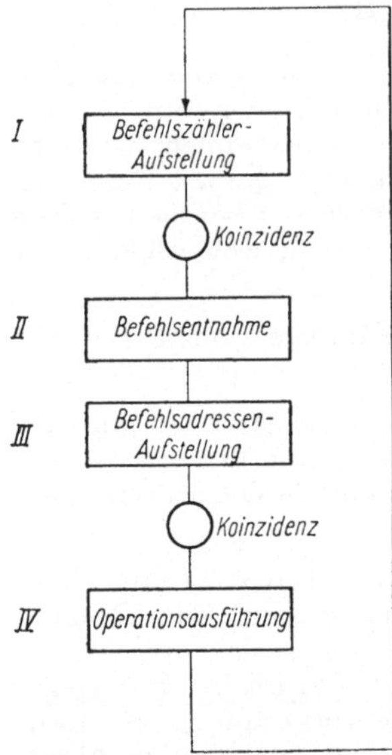

Bild 6. Befehlsabarbeitung

Bei der Befehlsabarbeitung wird ein fest verdrahtetes *Elementarprogramm* durchlaufen, das in vier Phasen unterteilt ist. Die Phasen I bis III dauern je eine Wortzeit. Eine *Wortzeit* ist die Zeit, die ein Wort braucht, um ein Verknüpfungsnetzwerk zu passieren. Sie folgt aus der Wortlänge und der Taktfrequenz:

$$33 \text{ bit} / 316{,}8 \text{ kHz} \approx 104 \,\mu\text{s} \approx 0{,}1 \text{ ms}$$

Die Phase IV kann länger als eine Wortzeit dauern. Vor jedem Beschreiben bzw. Lesen eines Hauptspeicherplatzes muß auf Koinzidenz gewartet werden. Die Wartezeit dauert k Wortzeiten (k ganz, $0 \leq k \leq 31$). Die Koinzidenzprüfung ist eine Erscheinung, die für Trommelspeicher charakteristisch ist. Bei Kernspeichern ist eine entsprechende Prüfung nicht erforderlich.
Vor Beginn der Befehlsschleife sei im Befehlszähler die Adresse des nächsten Befehls enthalten.

Phase I: Befehlszähler — Aufstellung
              Der Inhalt des Befehlszählers wird in das Adressenregister gebracht.

An Phase I schließt ein Koinzidenzvergleich an. Es muß gewartet werden, bis die Zelle, die den gewünschten Befehl enthält, unter dem Magnetkopf erscheint. Nach erreichter Koinzidenz beginnt

Phase II: Befehlsentnahme

Der Inhalt der in Phase II gelesenen Zelle wird als Befehl
interpretiert. Der Operationsteil gelangt in das Operationsregister, der Adressenteil wird zunächst im Befehlszähler zwischengespeichert.

Phase III: Befehlsadressen — Aufstellung

Phase III folgt sofort auf Phase II. Sie umfaßt zwei Vorgänge,
die gleichzeitig ablaufen.

1. Befehlsadressen — Aufstellung: Im Befehlszähler befindet
   sich der Adressenteil des abzuarbeitenden Befehls. Er wird
   jetzt in das Adressenregister geschoben.

2. Erhöhung des Befehlszählerstands: Infolge Phase I befindet sich im Adressenregister die Adresse des abzuarbeitenden Befehls. Sie wird um eine Einheit erhöht und gelangt wieder in den Befehlszähler.

Als Resultat von Phase III steht im Adressenregister der
Adressenteil des gerade behandelten Befehls, im Befehlszähler
die Adresse des nächsten.

Auf Phase III folgt ein zweiter Koinzidenzvergleich, der andauert, bis
die im Adressenteil angegebene Zelle unter dem Magnetkopf erscheint.

Phase IV: Operationsausführung

Der Inhalt des Akkumulators wird mit dem Inhalt der im
Befehl bezeichneten Zelle verknüpft. Das Resultat erscheint
im Akkumulator oder in der Zelle.

An Phase IV schließt sich wieder Phase I an.

Der beschriebene Ablauf gilt für Rechenbefehle. Bei Sprungbefehlen wird
in Phase IV keine Rechenoperation ausgeführt. Es folgt nun aber nicht
Phase I, sondern Phase II. Im Adressenregister steht der Adressenteil
des alten Befehls (vgl. Phase III), der nächste Befehl wird aus der zugehörigen Zelle entnommen.

Da jede Phase mindestens eine Wortzeit dauert, werden für die Abarbeitung eines Befehls mindestens vier Wortzeiten benötigt. Während des
Ablaufs der vier Phasen hat sich die Trommel um vier Zellen weitergedreht.
Es beginnt der zweite Befehl. Die erste Koinzidenzzeit wäre bei fort-
laufender Numerierung der Zellen einer Spur sehr lang, da der zweite
Befehl während der Abarbeitung des ersten schon am Magnetkopf vorbei-
gelaufen wäre. Zur Vermeidung dieses Zeitverlustes ist man von der fort-
laufenden Numerierung der Zellen einer Spur abgegangen. Es ist ein 5er
Rhythmus gewählt worden. Damit hat man gegenüber der beschriebenen
Form auch eine zweite optimale Zelle für den Operanden gewonnen. Mit
dem 5er Rhythmus dauert ein Rechenbefehl mindestens fünf Wortzeiten,
ein Sprungbefehl mindestens vier.

Tafel 1. Numerierung der Spur 0

Dezimal	0	13	26	7	20	1	14	27	8	21	2	15	28	9	22	3
Oktal	00	15	32	07	24	01	16	33	10	25	02	17	34	11	26	03
Dezimal	16	29	10	23	4	17	30	11	24	5	18	31	12	25	6	19
Oktal	20	35	12	27	04	21	36	13	30	05	22	37	14	31	06	23

Bei anderen Spuren ist zu den Adressen nur die Spurnummer hinzuzufügen
(Einführung der Oktalzahlen erfolgte in RA 12).
Bei der Programmierung ist darauf zu achten, daß die Operanden mög-
lichst auf günstigen Zellen stehen.

Beispiel

Steht der Befehl auf dem Sektor 0 (Phase II), so kann der Operand von
Zellen mit der Winkelnummer 26 oder 7 (dezimal) optimal entnommen
werden (Phase IV).
Ein optimaler Befehl dauert fünf Wortzeiten. Bei einem nichtoptimalen
Operanden verstreicht zusätzlich eine ganze Trommelumdrehung, der Be-
fehl dauert 37 Wortzeiten. Sprungbefehle können zwischen vier und 35
Wortzeiten dauern.
Um bei der Eingabe der Befehle die Umrechnung der Adressen vom De-
zimal- ins Dualsystem zu sparen, werden die Adressen prinzipiell im
Oktalsystem geschrieben. Sie laufen

von 0000   (dezimal   0)

bis 7777   (dezimal 4095).

Tafel 2. Speicheraufteilung

Spurnummer (dezimal)	Anfangszelle (oktal)	Endzelle (oktal)
0	0000	0037
1	0040	0077
2	0100	0137
usw.	usw.	usw.
126	7700	7737
127	7740	7777

Eine Adresse besteht aus vier Oktalziffern, vier *Triaden*, das entspricht
12 bit. Die Aufteilung der Adressen in Spur- und Winkelnummern wird
intern erledigt (die vorderen 7 bit bestimmen die Spurnummer, die hinteren 5 bit die Winkelnummer).
Neben dem beschriebenen Hauptspeicher hat der PR 2000 noch 12 *Puffer*.
Die Pufferadressen haben die gleiche Form wie die Hauptspeicheradressen,
die Unterscheidung erfolgt im Operationsteil des Befehls. Über die Puffer
steht die Zentraleinheit mit den anderen Teilen der Anlage in Verbindung. Sie sind *ohne* Wartezeit verfügbar, haben verschiedene Länge und
auch beim Lesen und Schreiben verschiedene Stellung relativ zum Akkumulator.

Ein Puffer ist als *Schnellspeicher* ausgebildet. Er ist 33 bit lang wie ein Hauptspeicherwort und hat besondere Bedeutung bei der Herstellung zeitoptimaler Programme.

Zur Zentraleinheit gehört auch die *Vorrangsteuerung*. Sowohl die Bedingungs- als auch die Zeitsteuerung läuft über den Vorranganmeldepuffer. Er ist 17 bit lang, entsprechend können *17 verschiedene Vorränge* direkt behandelt werden. Jedem Vorrang ist ein spezielles Bit im Vorrangpuffer zugeordnet. Dieses Bit wird gesetzt, wenn das zugeordnete Ereignis (rechnerintern, extern, Zeit) eintritt. Gleichzeitig wird ein Vorrang-anmelde-Flip-Flop gesetzt. Im Programm werden an geeigneten Stellen Vorrangtests eingeführt, es wird überprüft, ob das Anmelde-Flip-Flop gesetzt ist. Wenn das zutrifft, wird der Vorrangpuffer abgefragt und ein seinem Inhalt entsprechendes Programm eingeleitet. Vorränge werden nur an den festgelegten Stellen des Programms beachtet. Die Dichte der Vorrangtests im Programm muß so groß sein, daß die Vorränge rechtzeitig bemerkt werden. Die im Abschn. 2.1.1. beschriebene zentrale Abfrageschleife besteht beim PR 2000 einfach im wiederholten Durchlaufen des Vorrangtestbefehls.

Im Rahmen des Entschlüsselungsprogramms können den Vorrängen verschiedene Prioritäten zugeordnet werden. Es ist üblich, das Vorrangentschlüsselungsprogramm so zu gestalten, daß Vorrangprogramme mit niedrigerer Priorität nur von wichtigeren Programmen unterbrochen werden können. Nach Abarbeitung dieses wichtigeren Programms wird das Programm mit der niedrigeren Priorität fortgesetzt.

Die Auslösung von Vorrängen kann auch von der zur Zentraleinheit gehörenden *Digitaluhr* veranlaßt werden. Man kann damit erreichen, daß in festen Zeitabständen (z. B. alle 10 s, 1 min usw.) besondere Teilprogramme gestartet werden. Die kleinste in der Uhr realisierte Zeiteinheit ist 10 s. Zur Uhr gehört der Uhrpuffer, der die Uhrzeit (Stunde, Minute) in dezimal-tetradisch verschlüsselter Form enthält. Er hat eine Länge von vier Tetraden (16 bit). Der Uhrpuffer kann jederzeit gelesen oder beschrieben werden. Beschreiben bewirkt das Stellen der Uhr.

3.1.2. *Zahlwort und Befehlswort*

Die in der Zentraleinheit verarbeiteten Worte haben eine Länge von 33 bit. Es ist üblich, sie mit

$$z_0, z_1, \ldots, z_{32}$$

zu bezeichnen.

Die Zahlendarstellung im PR 2000 ist rein dual. Es wird mit *Festkomma* gearbeitet. Das Komma steht hinter dem Bit z_0.

z_0 ist das Vorzeichenbit. Zur Zahlendarstellung wird der Komplementkode verwendet:

$$x' = \begin{cases} x & \text{für } x \geq 0 \\ 2 + x & \text{für } x < 0 \end{cases}$$

Damit ist

$$z_0 = \begin{cases} 0 & \text{für } x \geq 0 \\ 1 & \text{für } x < 0 \end{cases}.$$

Die Zahl 0 ist im Rechner positiv.

Der Zahlenbereich erstreckt sich von -1 bis $+1$:

$$-1 \leqq x < +1$$

Bei der Bearbeitung praktischer Probleme sind alle Zahlenwerte in diesen Bereich zu transformieren. Man kann mit einer Genauigkeit von acht Dezimalstellen rechnen.
Der Adressenteil des Befehlsworts hat eine Länge von 12 bit (4096 Zellen), der Operationsteil von 9 bit. Da das Gesamtwort eine Länge von 33 bit hat, bleiben beim Befehlswort 12 bit frei. Diese 12 bit können zur Speicherung weiterer Informationen (z. B. Halbbefehle) benutzt werden
Das Befehlswort hat die Form

12 bit frei, 12 bit Adresse, 9 bit Operation .

Wie die Adressen, so pflegt man das ganze Befehlswort in Triaden (Gruppen zu je 3 bit) anzugeben. Der Operationsteil besteht aus drei Triaden.

3.1.3. *Meßwerterfassungs- und Steuerwertausgabeeinheit*

Bestandteile der Meßwerterfassungs- und Steuerwertausgabeeinheit sind Steuerzentrale, Kanalumschalter, Meßverstärker, Analog-Digital-Umsetzer und Digital-Analog-Umsetzer.
Die externe Einheit steht über den Adressen- und Operationspuffer und den Informationspuffer für Meßwerterfassung und Steuerwertausgabe mit der Zentraleinheit in Verbindung, außerdem über den Vorrangpuffer. Der Informationspuffer ist 10 bit lang. Bei der Meßwertabfrage werden alle 10 bit, bei der Steuerwertausgabe nur 8 bit benutzt. Abgefragte analoge Meßwerte erscheinen wie das Zahlwort des Rechners im Komplementkode (2er Komplement). Das erste Bit ist das Vorzeichenbit, die Mantisse ist 9 bit lang. Als Steuerwerte gelangen nur positive Werte zur Ausgabe, damit kann das Vorzeichenbit gespart werden. Die Mantisse ist 8 bit lang.
Mit dem PR 2000 können 256 Meßstellen abgefragt werden. Die Meßkanäle sind zu 16er Gruppen zusammengefaßt, die entweder für analoge oder für digitale Meßwerte ausgelegt sind.
64 von den 256 Meßstellen können extern auf oberen und unteren Grenzwert überwacht werden. Grenzwerte werden fest verdrahtet. Bei der Abfrage eines solchen Meßwerts wird dieser mit den beiden Grenzwerten verglichen. Bei Grenzwertverletzung wird Vorrang angemeldet.
Für die Steuerwertausgabe gibt es 32 Kanäle. Über alle 32 Kanäle können mittels des Digital-Analog-Umsetzers analog verwertbare Signale ausgegeben werden. Die Kanäle 0 bis 15 sind auch für Digitalwerte geeignet. Extern können die Digitalwerte als Zweipunktsignale entschlüsselt werden. Es können maximal $16 \times 8 = 128$ Zweipunktsignale ausgegeben werden.
Die externe Einheit kann fünf verschiedene Operationen ausführen:

Einzelwertabfrage

zyklische Meßwertabfrage

zyklische Grenzwertüberwachung

Steuerwertausgabe

Stop

Diese Operationen werden durch das Füllen des Adressen- und Operationspuffers von der Zentraleinheit eingeleitet. Bei Einzelwertabfrage und Steuerwertausgabe muß gleichzeitig die Kanaladresse mit ausgegeben werden. Die zyklischen Operationen beginnen ohne feste Anfangsadresse, d. h. mit dem Kanal, der gerade vom Meßstellenumschalter angewählt wird. Der Grenzwertvergleich erfolgt nicht nur bei der Operation Grenzwertüberwachung, sondern auch bei Einzelwertabfrage und zyklischer Meßwertabfrage.

Die Operation Einzelwertabfrage wird nach ihrer Ausführung in zyklische Meßwertabfrage umgewandelt. Man wird deshalb jede zyklische Meßwertabfrage als Einzelwertabfrage beginnen. Bei der Abfrage gelangen der Meßwert in den Informationspuffer und die Adresse des abgefragten Kanals in den Adressen-Operationspuffer. Bei zyklischer Abfrage können die Puffer erst wieder gefüllt werden, nachdem Meßwert und Adresse vom vorherigen Durchlauf in die Zentraleinheit übernommen worden ist. Bei Übernahme des Adressen-Operationspuffer-Inhalts erfolgt Schlußmeldung, die externe Steuerzentrale leitet die nächste Abfrage ein. Bei Grenzwertverletzung bleibt die externe Steuerzentrale auch nach Übernahme von Meßwert und Adresse stehen. Die externe Operation wird nach Ausgabe eines neuen Operationssymbols (zyklische Abfrage oder zyklische Überwachung) an der richtigen Stelle fortgesetzt. Der Adressen- und Operationspuffer hat eine Länge von 11 bit. Das Operationssymbol besteht aus 3 bit, bei Meßwertabfrage ist die Adresse 8 bit (256 Kanäle), bei Steuerwertausgabe 5 bit (32 Kanäle) lang.

Neben den erläuterten Operationen der externen Einheit gibt es noch die Operation Stop.

Die externe Steuerung erfolgt in vier Phasen.

Phase I: Übernahme des Operationssymbols bzw. bei einem zweiten Durchlauf Umstellung von Einzelwertabfrage in zyklische Meßwertabfrage.

Phase II: Bei Einzelwertabfrage Übernahme der Adresse, bei Steuerwertausgabe Übernahme der Adresse und des auszugebenden Steuerwerts.

Phase III: Ausführung der Operation.
Abfrage und zyklische Grenzwertüberwachung: Einstellung des Meßstellenumschalters, Übernahme und Umsetzung des Meßwerts.
Steuerwertausgabe: Anwahl des Kanals, Umsetzung des Wertes. Steuerwertausgabe ist mit Phase III beendet.

Bei zyklischer Meßwertabfrage folgt auf Phase III eine Wartezeit, die andauert, bis Meßwert und Adresse vom letzten Durchlauf in die Zentraleinheit übernommen sind.

Phase IV: Meßwert und Adresse gelangen in die Puffer, es wird der Grenzwertvergleich vorgenommen.

Auf Phase IV folgt Phase I.

Die einzelnen Phasen dauern verschieden lang:

Phase I: 0,2 ms
Phase II: 1,0 ms
Phase III: Analogwertabfrage   30,6 ms
           Digitalwertabfrage   19,6 ms
           Steuerwertausgabe   65,0 ms
Phase IV: 1,1 ms

Aus diesen Zeiten folgt, daß in-einer Sekunde 30 Analogwerte oder 45
Digitalwerte abgefragt werden können. In einer Sekunde können 15 Steuerwerte ausgegeben werden.

Tafel 3. Symbole für die externen Operationen

Dual	Oktal	Bedeutung
000	0	zyklische Meßwertabfrage
010	2	Einzelwertabfrage
100	4	Grenzwertüberwachung
110	6	Steuerwertausgabe
xx1	1, 3, 5, 7	Stop

(Die beiden mit x bezeichneten Bit können beliebig sein)

In Phase I, im Zustand Warten auf die Übernahme der letzten Werte
in die Zentraleinheit und bei zyklischer Abfrage von Analogwerten im
letzten Teil der Phase III kann der Adressen- und Operationspuffer von
der Zentraleinheit neu gefüllt werden. Es erfolgt Rückstellung auf Phase I,
die neue Operation beginnt.

3.1.4. *Zentrales Steuerpult, Schreibautomaten, Eingabestationen und Meß-*
wertdrucker

Das zentrale Steuerpult besteht aus einem Schreibautomaten Soemtron 527
mit Streifen-Locher-Leser-Kombination und der Bedieneinheit, dazu gehören auch eine achtstellige Digitalanzeige und eine Handeingabe, be-
stehend aus acht Dekadenschaltern. Digitalanzeige und Handeingabe
bilden zusammen eine Eingabestation.
Einschließlich der Bestandteile des zentralen Steuerpults können an den
PR 2000 maximal vier Schreibautomaten, vier Eingabestationen und vier
Meßwertdrucker angeschlossen werden. Diese Geräte stehen über Puffer
mit der Zentraleinheit in Verbindung. Die Schreibautomaten arbeiten
mit einer Geschwindigkeit von 10 Zeichen je Sekunde. Sie werden sowohl
zur Ein- als auch zur Ausgabe alphanumerischer Zeichen benutzt. Eine
Eingabe kann entweder vom Bedienungspersonal oder vom Rechner (im
Rahmen des Programms) eingeleitet werden. Für die Anwahl des Eingabe-
schreibautomaten muß seine Adresse in den Adressenpuffer für den Ein-
gabeschreibautomaten gebracht werden. Von außen geschieht das durch
Drücken der Anmeldetaste des jeweiligen Geräts. Gleichzeitig damit kann

ein Vorrang angemeldet werden. Ein Schreibautomat (Hauptschreibautomat) kann außerdem über eine Taste am zentralen Steuerpult angemeldet werden (evtl. mit höherem Vorrang). Im Rahmen der Vorrangabarbeitung wird die Eingabe zu einem geeigneten Zeitpunkt vom Rechner begonnen. Wird die Eingabe von der Zentraleinheit angefordert, so beginnt sie sofort.

Eine Anmeldung der Ausgabe erfolgt nur von innen, vom Rechner. Es muß dazu der Adressenpuffer für den Ausgabeschreibautomaten mit der Adresse des gewünschten Geräts gefüllt werden. Im Gegensatz zur Eingabe, die direkt abläuft, geht die Ausgabe gepuffert vonstatten. Das auszugebende Wort wird *zeichenweise* im Kode des Schreibautomaten in den Informationspuffer für den Ausgabeschreibautomaten gebracht. Während die Ausgabe dieses Zeichens abläuft, kann in der Zentraleinheit bereits das nächste Zeichen errechnet werden. Der Informationspuffer ist 6 bit lang.

Für die Digitalanzeigen, Handeingaben und Meßwertdrucker gibt es ebenfalls je einen Adressenpuffer. Digitalanzeigen und Meßwertdrucker können nur vom Rechner angewählt werden, die Handeingaben nur vom Bedienungspersonal mittels Tastendrucks an der jeweiligen Eingabestation. Der Tastendruck ist wieder mit Vorranganmeldung verbunden.

Die Meßwertdrucker sind Paralleldrucker. Bei einem Druckvorgang werden 12 numerische Zeichen ausgegeben. Es sind je Sekunde zwei Druckvorgänge möglich. Die Meßwertdrucker gibt es mit oder ohne Springwagen. Bei der Ausführung ohne Springwagen erscheinen die ausgegebenen Worte untereinander, mit Springwagen maximal fünf Worte nebeneinander. Der Adressenpuffer für die Meßwertdrucker ist 4 bit lang. Es wird neben der Adresse (2 bit) eine Information über die Farbe des auszugebenden Wortes (1 bit) und bei der Ausführung mit Springwagen eine Information über den Wagenrücklauf (1 bit) ausgegeben. Alle anderen Adressenpuffer für die Ein- und Ausgabegeräte sind 2 bit lang.

Für die Digitalanzeigen, Handeingaben und Meßwertdrucker gibt es einen gemeinsamen Informationspuffer mit 48 bit Länge. Alle drei Geräte arbeiten mit einer dezimal-tetradischen Verschlüsselung. Bei Digitalanzeige bzw. Handeingabe werden alle acht Tetraden gleichzeitig in den Puffer transportiert bzw. aus dem Puffer entnommen. Bei der Ausgabe auf einem Drucker werden die 12 Tetraden für die 12 Zeichen nacheinander auf die gleichen Stellen des Puffers gebracht. Die interne Vorbereitung der auszugebenden bzw. die Verarbeitung der eingegebenen Informationen ist die Aufgabe spezieller Programme.

3.1.5. *Zusammenstellung der Puffer*

Die Pufferadressen werden in der gleichen Form wie die Hauptspeicheradressen dargestellt. Die Unterscheidung erfolgt durch den Operationsteil des Befehls. Bei Pufferadressen werden nur die ersten 4 bit entschlüsselt (16 Möglichkeiten).

Das Beschreiben bzw. Lesen eines Puffers dauert eine Wortzeit (Phase IV der Befehlsabarbeitung). Die Puffer sind ohne Wartezeit verfügbar. Die Stellung der Pufferinhalte relativ zum Akkumulator ist beim Lesen anders als beim Schreiben.

Tafel 4. Puffer des PR 2000

Nr.	Name	Adresse/Triaden	Länge/bit	Stellung bei*)	im Akkumulator
1	Vorrangpuffer	0000	17	L	$z_{16} \ldots z_{32}$
2	Adressenpuffer-Ausgabeschreibautomat	0400	2	L	$z_1z_2, z_3z_4, \ldots, z_{31}z_{32}; z_0 = z_{32}$
				S	z_1z_2
3	Informationspuffer-Ausgabeschreibautomat	1000	6	S	$z_0 \ldots z_5$
4	Adressenpuffer-Eingabeschreibautomat	1400	2	L	$z_1z_2, z_3z_4, \ldots, z_{31}z_{32}; z_0 = z_{32}$
				S	z_1z_2
5	Adressenpuffer-Drucker	2000	4	L	$z_{29}z_{30}$
				S	$z_0 \ldots z_3; z_2$ Farbe, z_3 Wagenrücklauf
6	Adressenpuffer-Digitalanzeige	2400	2	S	z_0z_1
7	Informationspuffer-Eingabe und Ausgabe	3000	48		
	Handeingabe			L	$z_1 \ldots z_{32}$
	Digtalanzeige			S	$z_0 \ldots z_{31}$
	Drucker (12mal)			S	$z_{29} \ldots z_{32}$
8	Adressen- und Operationspuffer	3400	11		
	Meßwerterfassung			L	$z_{23} \ldots z_{30}$ (Adresse)
				S	$z_0 \ldots z_2$ (Operation)
					$z_3 \ldots z_{10}$ (Adresse)
	Steuerwertausgabe			S	$z_0 \ldots z_2$ (Operation)
					$z_3 \ldots z_7$ (Adresse)
9	Informationspuffer	4000	10		
	Meßwerterfassung			L	$z_{23} \ldots z_{32}$
	Steuerwertausgabe			S	$z_2 \ldots z_9$
10	Uhrpuffer	4400	16	L	$z_1 \ldots z_{16}, z_{17} \ldots z_{32}, z_0 = z_{32}$
				S	$z_1 \ldots z_{16}$
11	Schnellspeicher	5000	33	L	$z_0 \ldots z_{32}$
				S	$z_0 \ldots z_{32}$
12	Adressenpuffer-Handeingabe	5400	2	L	$z_1z_2, z_3z_4, \ldots, z_{31}z_{32}; z_0 = z_{32}$

*) L = bedeudet Lesen, S = Schreiben

3.1.6. *Impulserfassung*

Neben den beschriebenen 256 Meßkanälen, die über die Meßwerterfassungs- und Steuerwertausgabeeinheit abgefragt werden können, hat der PR 2000 noch 16 Impulskanäle. Die Eingabe von Impulsfolgen ist auf allen 16 Kanälen gleichzeitig und unabhängig vom gerade laufenden Programm und der externen Steuerung möglich. Die über einen Kanal eingegebenen Impulse werden summiert. Die Impulskanäle haben direkten Speicherzugriff. Einem Impulskanal sind je zwei diametrale Zellen der mit der Zelle 6640 (oktal) beginnenden Spur des Hauptspeichers zugeordnet. Die Summe wird mit einer der beiden Zellen gebildet und auf die zweite geschrieben (abwechselnd). Eine halbe Trommelumdrehung nach Eingang des letzten Impulses enthalten beide Zellen den richtigen Zählerstand. Sonst muß mit der Differenz von einem Impuls gerechnet werden. Die Frequenz der zu summierenden Impulse darf nicht größer als 600 Hz sein.

3.2. Befehlsliste des PR 2000

Wie schon erläutert worden ist, besteht das Befehlswort des PR 2000 aus einem 12 bit langen Adressenteil und einem 9 bit langen Operationsteil.

Es ist üblich, den gesamten Befehl in Triaden (3 bit = 1 Triade) zu schreiben. Die Triaden kann man als oktale Ziffern (0, 1, ..., 7) deuten. Der Befehl hat damit die Form

$$a_1\ a_2\ a_3\ a_4 \qquad T_1\ T_2\ T_3\ .$$

Das gesamte Wort ist elf Triaden lang. Beim Befehlswort werden die vorderen vier Triaden nicht entschlüsselt, sie können zur Speicherung anderer Informationen benutzt werden.

Die Triaden a_1 bis a_4 bilden den Adressenteil, T_1 bis T_3 den Operationsteil des Befehls. T_1 enthält den Befehlstyp, T_2 die eigentliche Operation und T_3 die Resultatbehandlung und das Löschbit.

3.2.1. *Befehlstyp*

Tafel 5. Befehlstyp

T_1/oktal	T_1/dual	Bedeutung
0	000	} Organisationsbefehl
1	001	
2	010	} Einzelbefehl mit { Hauptspeicher
3	011	Puffer
4	100	Gruppenbefehl
5	101	Gruppen-X-Befehl
6	110	Wiederholungsbefehl
7	111	Wiederholungs-X-Befehl

Zu den *Organisationsbefehlen* ($T_1 = 0$, $T_1 = 1$) gehören unbedingte Sprünge, bedingte Sprünge, Stop und Eingabebefehl. Befehle mit $T_1 \geqq 2$ sind *Rechenbefehle*. Bei einem Einzelbefehl wird der Inhalt der im Adressenteil des Befehls bezeichneten Zelle mit dem Inhalt des Akkumulators verknüpft. Ist $T_1 = 2$, so wird die Adresse als Hauptspeicheradresse interpretiert, ist $T_1 = 3$, als Pufferadresse.

Bei Gruppenbefehlen wird die gewünschte Operation nicht nur mit der im Befehl bezeichneten Hauptspeicherzelle, sondern unter Ausnutzung der Trommeleigenschaften mit allen nachfolgenden Zellen dieser Spur ausgeführt. Die Zellen werden hintereinander, wie sie auf der Spur stehen, abgearbeitet.

Wie bekannt, erfolgt die eigentliche Operation in der Phase IV der Befehlsabarbeitung, bei Gruppenbefehlen dauert die Phase IV 32 Wortzeiten (eine Trommelumdrehung). Gruppenbefehle mit optimaler Operandenadresse dauern 37 Wortzeiten, mit nichtoptimaler 69. Bei Wiederholungsbefehlen wird die Operation mit dem Inhalt der Zelle, deren Adresse im Befehl angegeben ist, anschließend mit dem Inhalt der Zellen dieser Spur bis zum Sektor 0 (ausschließlich) vorgenommen. Je nach Wahl des Sektors des Adressenteils wird die Operation bis zu 32mal durchgeführt. Entsprechend dauert die Phase IV der Befehlsabarbeitung bis zu 32 Wortzeiten, ein optimaler Befehl wieder 37, ein nichtoptimaler 69.

Die Gruppen-X- und Wiederholungs-X-Befehle sind gegenüber den Gruppen- und Wiederholungsbefehlen um eine zusätzliche Abbruchbedingung erweitert. Tritt diese Abbruchbedingung in Kraft, so wird bei der Abarbeitung des nächsten Befehls der Koinzidenzvergleich nach Phase I übersprungen. Das hat zur Folge, daß der nächste Befehl nicht aus der normalen Reihenfolge (beachte: nur der nächste) entnommen wird. Ist dieser nächste Befehl ein unbedingter Sprung, so folgt darauf der Befehl mit der im Sprungbefehl enthaltenen Zieladresse. Ist der nächste Befehl ein Rechenbefehl, so wird nach seiner Abarbeitung die normale Reihenfolge mit der um zwei Einheiten erhöhten Adresse des X-Befehls fortgesetzt.

Die Abbruchbedingung ist abhängig von der Triade T_3 des Operationsteils des Gruppen-X- bzw. Wiederholungs-X-Befehls. Sie richtet sich entweder nach dem Bit z_0 oder dem Bit z_{32} des Akkumulators. Ist T_3 ungleich 2 oder 3, so erfolgt der Abbruch, wenn im Lauf der Operationsausführung $z_0 = 1$, bei T_3 gleich 2 oder 3, wenn $z_{32} = 1$ wird. Der nächste Befehl wird in der dritten Wortzeit nach Erfüllung der Abbruchbedingung aus der Zelle mit dem zu dieser Zeit greifbaren Sektor und der Spurnummer des Gruppen-X- bzw. Wiederholungs-X-Befehls entnommen.

Beispiel

Nullte	Wortzeit:	z_0 wird 1
erste	Wortzeit:	verstreicht
zweite	Wortzeit:	Phase I, Koinzidenz wird übersprungen
dritte	Wortzeit:	Phase II (Befehlsentnahme)

3.2.2. *Resultatbehandlung und Löschbit*

Die Triade T_3 umfaßt die Resultatbehandlung und das Löschbit. Das Löschbit ist das letzte Bit der Triade. Ist das Löschbit $L = 0$, so ist es wirkungslos. $L = 1$ bewirkt in der Phase III der Befehlsabarbeitung, daß der Akkumulatorinhalt gelöscht wird. Das Löschen erfolgt **unabhängig vom Befehlstyp.** Bei allen Gruppenbefehlen ($T_1 \geqq 4$) wird der **Akkumulator** ebenfalls in Phase III gelöscht, d. h. nur einmal vor der **Ausführung** der Gruppenoperation.

Tafel 6. Bedeutung der Triade T_3

T_3/oktal	T_3/dual	Bedeutung für den Akkumulatorinhalt	
		Phase III	Phase IV
0	000	—	—
1	001	Löschen	keine Verschiebung
2	010	—	Rechtsverschiebung
3	011	Löschen	Rechtsverschiebung
4	100	—	Linksverschiebung
5	101	Löschen	Linksverschiebung
6	110	—	zyklische Linksverschiebung
7	111	Löschen	zyklische Linksverschiebung

Die ersten beiden Bit von T_3 enthalten die Resultatbehandlung. Darunter ist die Verschiebung des Akkumulatorinhalts nach Ausführung der Operation (also des Resultats) um 1 bit zu verstehen. Die Verschiebung erfolgt in Phase IV, bei bedingten Sprüngen aber nur, wenn auch gesprungen wird. Ist die Sprungbedingung nicht erfüllt, so unterbleibt die Resultatbehandlung.
Bei Gruppenbefehlen wird die Phase IV mehrfach durchlaufen und damit auch die Verschiebung entsprechend oft ausgeführt.
Bei Links- bzw. Rechtsverschiebung verschwindet das vorn bzw. hinten überlaufende Bit, bei zyklischer Linksverschiebung gelangt das vorn überlaufende Bit hinten wieder in den Akkumulator.

3.2.3. Operationstriade

Die Operationstriade T_2 hat für Organisationsbefehle ($T_1 < 2$) und für Rechenbefehle ($T_1 \geqq 2$) verschiedene Bedeutung.
T_3 hat bei Organisationsbefehlen die gleiche Wirkung wie bei Rechenbefehlen. Bei bedingten Sprüngen (dazu gehören auch die Vergleichersprünge) wird die Resultatbehandlung nur bei erfüllter Sprungbedingung ausgeführt. Zu den Organisationsbefehlen sind noch Erläuterungen nötig.

1. Vergleichersprünge: Die Vergleichersprünge beziehen sich auf zwei Vergleicher-Flip-Flops (V1, V2). Diese werden bei jedem Rechenbefehl automatisch gesetzt, es ist aber zwischen Lese- ($T_2 < 4$) und Schreibbefehlen ($T_2 \geqq 4$) zu unterscheiden.
Folgt auf einen Rechenbefehl ein Vergleichersprung, so wird dieser in Abhängigkeit von der Stellung des bzw. der beiden zugeordneten Flip-Flops ausgeführt (Stellung 1) oder übergangen (Stellung 0).
Mit Vergleichersprung 3 ist Test auf Gleichheit möglich. Organisationsbefehle ändern die Stellung der Vergleicher-Flip-Flops nicht.

Tafel 7. Rechenbefehle $(T_1 \geqq 2)$

T_2	Name	Wirkung
0	Konjunktion im Akkumulator	$A := A \wedge a$
1	Addition	$A := A + a$
2	Subtraktion	$A := A - a$
3	bedingte Addition (auch Plus-Minus-Befehl)	$T_3 = 0$ oder 1 : $A := A - (-1)^{z_0} \cdot a$ $T_3 = 2$ oder 3 : $z_{32} = 1 : A := (A + a)/2$ $z_{32} = 0 : A := A/2$ $T_3 = 4$ oder 5 : $A := 2(A - (-1)^{z_0} \cdot a)$
4	Transport	$a := A$
5	Konjunktion im Speicher	$a := A \wedge a$
6	Konjunktion mit negiertem Akkumulatorinhalt im Speicher	$a := \overline{A} \wedge a$
7	Vorzeichenbefehl	$T_3 \neq 2$ oder $3 : a := z_0 \cdot a$ $T_3 = 2$ oder $3 : a := z_{32} \cdot a$

A Inhalt des Akkumulators, a Inhalt der im Befehl angegebenen Zelle bzw. des Puffers

Bei der Spalte Wirkung ist zusätzlich, sofern nicht bereits ausgeführt, der Einfluß von T_3 auf das Resultat im Akkumulator zu berücksichtigen. Ist $T_2 \geqq 5$, so muß $T_1 \neq 3$ sein. Diese Operationen sind mit den Puffern nicht möglich

Tafel 8. Organisationsbefehle $(T_1 = 0, \; T_1 = 1)$

T_2	$T_1 = 0$	$T_1 = 1$
0	unbedingter Sprung	
1	Eingabebefehl	
2	$T_3 < 4$: unbedingter Stop $T_3 \geqq 4$: unbedingter Rücksprung	
3	nicht benutzt	
4	Sprung bei negativem Akkumulatorinhalt	Vergleichersprung 1 (V 1)
5	Sprung bei positivem Akkumulatorinhalt	Vergleichersprung 2 (V 2)
6	$T_3 < 4$: bedingter Stop $T_3 \geqq 4$: bedingter Rücksprung	$T_3 \geqq 4$: Vorrangsprung
7	Überlaufsprung	Vergleichersprung 3 (V 1, V 2)

50

Tafel 9. Stellung der Vergleicher-Flip-Flops

	V 1 0	:= 1	V 2 0	:= 1
Lesebefehle	$A < a$	$A \geqq a$	$A > a$	$A \leqq a$
Schreibbefehle	$A < 0$	$A \geqq 0$	$A > 0$	$A \leqq 0$

(A Akkumulatorinhalt, a Zellen- bzw. Pufferinhalt)

2. Überlaufsprung: Unter einem Überlauf versteht man das Überschreiten des Zahlenbereichs bei Addition oder Subtraktion. Überlauf wird aber nur bei Einzelbefehlen ohne Resultatbehandlung gemeldet. Bei Gruppenbefehlen und Einzelbefehlen mit Verschiebung des Resultats wird Überlauf nicht signalisiert. Hinter Rechenbefehle, bei denen man mit Überlauf rechnen muß, setzt man einen Überlaufsprung.
Falls Überlauf zustande kommt, wird gesprungen (Sondermaßnahmen), sonst die normale Befehlsfolge fortgesetzt

3. Zwangskoinzidenz: Im Zusammenhang mit dem Überlauf sollen hier die beiden möglichen *Fahrweisen* des PR 2000 besprochen werden. Sie werden durch verschiedene Stellungen der Starttaste am zentralen Steuerpult erreicht. Die erste Fahrweise ist die ohne Zwangskoinzidenz bei halbgedrückter Starttaste. Sie wird angewandt beim Einfahren der Programme.
Tritt in dieser Fahrweise z. B. ein Überlauf ein, ohne daß darauf ein Überlaufsprung folgt, so bleibt der Rechner stehen, die Programmabarbeitung wird nicht fortgesetzt. Es leuchtet eine Lampe „Überlauf" auf. Der gleiche Effekt tritt bei Schreibautomatenblockierung und ähnlichen Ereignissen auf. Nach Beseitigung der Fehler muß das Programm neu gestartet werden. Da man sich bei einer Prozeßsteuerung keine derartigen Unterbrechungen des Programmablaufs leisten kann, ist die Zwangskoinzidenz eingeführt worden.
Die zweite Fahrweise mit Zwangskoinzidenz erreicht man bei durchgedrückter Starttaste. Tritt nun Überlauf auf, so leuchtet wieder die Lampe auf. Die Fortsetzung des Programms wird nach einer festen Zeit erzwungen, es erfolgt aber Vorranganmeldung. Über Vorrang kann ein Maßnahmeprogramm gestartet werden. Gleiches geschieht bei Schreibautomatenblockierung. Über Vorrang kann ein Entblockierungsprogramm eingeleitet oder auch auf einen anderen Schreibautomaten umgeschaltet werden

4. Bedingter Stop und bedingter Rücksprung: Diese beiden Befehle beziehen sich auf zwei Schalter. Ist einer der Schalter gesetzt, so wird die zugehörige Operation ausgeführt, sonst wird sie übergangen. Durch Herausnehmen des Stopschalters kann die Fortsetzung des Programms an der Unterbrechungsstelle erreicht werden

5. Rücksprung: Die Befehle unbedingter Rücksprung, bedingter Rücksprung und Vorrangsprung haben folgende Wirkung:

$$A := 2\,((\,BZ + 1\,)/2 \lor A\,)$$

BZ bedeutet Befehlszähler und A Akkumulatorinhalt. Man verwendet diese Befehle nur mit $T_3 = 5$.

Es entsteht die Wirkung

$$A := BZ + 1\,,$$

im Akkumulator erscheint die Adresse des nächsten Befehls oder, genauer, ein unbedingter Sprung nach dieser Adresse. Außerdem sind die drei Befehle Sprungbefehle, die unter den entsprechenden Bedingungen ausgeführt werden (unbedingt, Schalter, Vorrang-Flip-Flop.) Im erreichten Programmstück wird man zuerst den Akkumulatorinhalt sichern. Nach Abarbeitung des anschließenden Programmabschnitts erfolgt mit dem gesicherten Sprungbefehl der Rücksprung in das unterbrochene Programm. Der unbedingte Rücksprung wird speziell in der Unterprogrammtechnik benutzt.

6. Eingabebefehl: Die Eingabe beim PR 2000 erfolgt zeichenweise über einen Schreibautomaten (Tastatur, 8-Kanal-Lochstreifen) mit einer Maximalgeschwindigkeit von 10 Zeichen je Sekunde. Die Anmeldung der Eingabe wird wie angegeben über Vorrang vorgenommen. Von den acht Kanälen des Schreibautomatenkodes werden im Rechner nur sechs (zwei Triaden) verwertet, so daß es 64 verschiedene Zeichen gibt. Man unterscheidet bei der Eingabe zehn Sonderzeichen und 54 Normal zeichen.

Der Eingabebefehl bewirkt eine Unterbrechung der Befehlsabarbeitung (Eingabestop), die nach Eingabe eines Zeichens fortgesetzt wird. Die Eingabe eines Zeichens veranlaßt eine Umstellung des Eingabebefehls, der veränderte Befehl wird ausgeführt. Bei beiden Zeichenarten gelangen die beiden Kodetriaden an die Stelle der beiden hinteren Triaden des Adressenregisters (beim Eingabebefehl werden diese beiden Triaden deshalb 00 sein). Bei Normalzeichen erhält zusätzlich die Triade T des Operationsregisters den Wert 2, es entsteht ein Einzelbefehl-Addition. Der Inhalt der durch den Kode des speziellen Zeichens und die vorderen beiden Triaden vom Adressenteil des Eingabebefehls festgelegten Zelle wird zum Inhalt des Akkumulators addiert. Auf dieser Zellen speichert man die den eingegebenen Zeichen entsprechenden Werte, die intern weiterverarbeitet werden.

Bei den Sonderzeichen wird nicht T_1, sondern T_2 verändert. Aus dem Eingabebefehl entsteht ein unbedingter Sprung nach der durch der Kode bedingten Zelle. Je nachdem, welchen Befehl man hier unter gebracht hat, wird das Programm fortgesetzt.

Die zehn Sonderzeichen sind folgende:

H, Y, Z, Punkt, Komma, $ (Dollar), Tabulator, Zeile, Wagen rücklauf (ohne Zeile) und Leerzeichen.

Dem Zeichen Wagenrücklauf mit neuer Zeile ist der gleiche Kode wie dem Leerzeichen zugeordnet worden. Dieses Zeichen ist das einzige das den siebenten Kanal benötigt. Es kann nicht ausgegeben werden Die 64 Zeichen haben für Ein- und Ausgabe die gleiche Verschlüsselung

Triaden	Zeichen		Triaden	Zeichen	
	klein	groß		klein	groß
01	1	;	27	x	X
02	2	"	30	y	Y
03	3	=	31	z	Z
04	4	%	53	ä	Ä
05	5	&	73	ö	Ö
06	6	(	21	ü	Ü
07	7	)	12	+	¹/
10	8	—	40	—	'
11	9	§	55	ß	:
20	0	/	60	.	!
61	a	A	33	,	?
62	b	B	32	$	Ł
63	c	C	35	'	'
64	d	D	36	Tabulator	
65	e	E	57	Zeile	
66	f	F	52	Wagenrücklauf (ohne Zeile)	
67	g	G	72	Kleinbuchstaben	
70	h	H	74	Großbuchstaben	
71	i	I	75	Entriegeln	
41	j	J	15	Verriegeln	
42	k	K	14	Nichtschreiben	
43	l	L	34	Wiederschreiben	
44	m	M	54	Locher ein	
45	n	N	37	Locher aus	
46	o	O	13	Diese Zeichen dürfen nicht ausgegeben werden. Sie können aber innerhalb der Programme z. B. als Schlußzeichen benutzt werden.	
47	p	P	17		
50	q	Q	76		
51	r	R	77		
22	s	S	56		
23	t	T	35		
24	u	U	16	bewirkt nichts	
25	v	V	00	Leertaste	
26	w	W	00	(Wagenrücklauf mit Zeile)	

4. Anwendungsbeispiel: Rechnersteuerung im geschlossenen Kreis

4.1. Aufgabenstellung

Mit Hilfe eines Prozeßrechners PR 2000 soll eine Destillationskolonne zur
Trennung eines Zweistoffgemisches so gesteuert werden, daß optimaler
Gewinn erzielt wird. Die beiden Stoffe unterscheiden sich im besonderen
durch verschiedene Siedetemperaturen. Diese Eigenschaft wird zur Trennung des Gemisches ausgenutzt. Die Destillationskolonne ist ein langes
senkrecht stehendes Rohr, in dem in verschiedenen Höhen die sog. Ko-
lonnenböden, die nicht dicht abschließen, angebracht sind. Am unteren
Ende (Sumpf) wird die Kolonne beheizt (Tauchsiederprinzip). Ungefähr

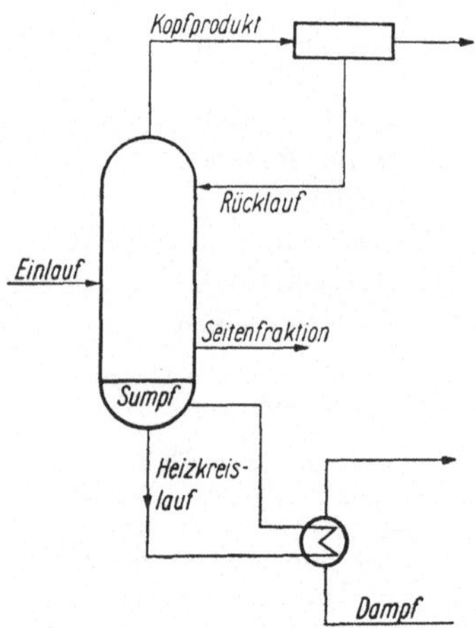

Bild 7. Destillationskolonne

in der Mitte der Kolonne wird das vorgewärmte Gemisch eingeleitet. Der
leichter siedende Bestandteil des Gemisches steigt nach oben und wird
am oberen Ende (Kopf) der Kolonne abgezogen. Zur Erhöhung der Reinheit des Kopfprodukts wird davon ein Teil abgezweigt und in flüssiger
Form wieder in den Kopf der Kolonne zurückgeleitet (Rücklauf). Der
schwerersiedende Bestandteil sinkt nach unten. Er wird an einem geeigneten Zwischenboden als Seitenfraktion entnommen. Im unteren Bereich
(Sumpf) der Kolonne sammeln sich schwersiedende Bestandteile und Ver-
unreinigungen.

Eingangsgrößen des Prozesses sind Menge, Konzentration und Temperatur des Einlaufgemisches und des Rücklaufs und die am Fuß der Kolonne zugeführte Energie. *Ausgangsgrößen* sind wiederum Menge, Konzentration und Temperatur des Kopfproduktes und der Seitenfraktion (und evtl. des abgezogenen Sumpfprodukts).

Für die Anlage gelten feste Mengen- und Energiebilanzen. Im stationären Zustand stellt sich in der Kolonne eine feste Temperatur- und Druckverteilung ein.

Die optimale Fahrweise der Kolonne folgt aus den Forderungen nach maximalem Durchsatz, maximaler Reinheit der Produkte und minimaler Energiezufuhr. Da der untersuchte Prozeß relativ langsam abläuft, genügt es, die Meßwerte minutenweise abzufragen. Steuerwerte (Sollwerte für die Regler) brauchen nur alle Stunden neu berechnet werden, die alten Sollwerte werden so lange schrittweise geändert, bis sie mit den Steuerwerten übereinstimmen. Eine sprungartige Veränderung verursacht eine zu starke Bewegung in der Kolonne. Damit ist die Aufgabenstellung für den Prozeßrechner umrissen:

1. Alle Minuten sind die Meßwerte abzufragen, zu korrigieren und zu verdichten; wenn nötig, müssen geänderte Sollwerte ausgegeben werden.

2. Alle Stunden läuft die Optimierung ab. Zusätzlich werden Kennwerte ermittelt und ein Stundenprotokoll ausgegeben.

4.2.   Inhalt und Aufbau des Programms

Das Hauptprogramm ist eine zentrale Abfrageschleife für den Vorrang. Diese Schleife wird nach der Anmeldung eines beliebigen Vorrangs verlassen, es folgt das Vorrangentschlüsselungsprogramm. Wie angeführt, werden beim PR 2000 sowohl die bedingungs- als auch die zeitgesteuerten Vorrangprogramme über den Vorrangpuffer angemeldet. Jedem Vorrangprogramm ist ein Bit im Puffer fest zugeordnet. Dem Programm mit dem höchsten Vorrang ist das am weitesten links stehende Bit des Vorrangpuffers zugeordnet, dem zweiten Bit das Programm mit dem zweithöchsten Vorrang usw. Im Vorrangentschlüsselungsprogramm wird der Vorrangpuffer in den Akkumulator übernommen, es wird von links beginnend geprüft, welches Bit als erstes von Null verschieden ist. Das zugeordnete Vorrangprogramm muß bearbeitet werden. Die einzelnen Programme enthalten in festen Abständen (etwa alle 100 ms) wieder Vorrangtests. Dadurch wird erreicht, daß ein Programm mit niedrigerer Priorität durch ein Programm mit höherem Vorrang unterbrochen werden kann. Nach Abarbeitung dieses Programms wird das weniger wichtige fortgesetzt. Da auch weniger wichtige Vorränge beim Vorrangtest bemerkt werden und zur Abarbeitung des Entschlüsselungsprogramms führen, muß darin auch geprüft werden, ob der neu angemeldete Vorrang wichtiger ist als das gerade laufende Programm. Wenn das zutrifft, wird wie oben verfahren, wenn nicht, wird das begonnene Programm zu Ende geführt und danach das weniger dringliche eingeleitet. Sind keine weiteren Vorränge angemeldet, so beginnt wieder die zentrale Abfrageschleife.

Bei dem beschriebenen Beispiel werden 14 Vorränge von den 17 möglichen
benutzt.

1. Störung der Steuerzentrale
2. Meßkanalstörung
3. Informationspuffer bei Steuerwertausgabe nicht beschreibbar
4. Akkumulatorüberlauf
5. Schreibautomatenblockierung
6. Grenzwertüberschreitung
7. 1-min-Programm
8. Anzeige von Momentanwerten
9. 24-h-Programm
10. 1-h-Programm
11. 8-h-Programm
12. Steuerwertausgabe von Hand
13. Eingabe mit Schreibautomat 1
14. Uhrstellen

Die Vorrangprogramme 1 bis 5 sind Anlagenstörungen. Sie haben unter-
einander gleiche Wertigkeit und sind wichtiger als alle aufgabenbedingten
Programme.
Vorrang 1 wird angemeldet, wenn die externe Steuerzentrale (Meßwert-
erfassungs- und Steuerwertausgabeeinheit) gestört ist. Im Maßnahme-
programm wird die Steuerzentrale zurückgestellt und die gewünschte
Operation erneut gestartet. Wird nach dreimaligem Anlauf stets die gleiche
Störung gemeldet, so wird eine entsprechende Information ausgeschrieben.
Der Fehler muß nun manuell beseitigt werden.
Vorrang 2, Meßkanalstörung, wird von einer Prüfmeßstelle abgeleitet.
Zur Überwachung der Meßwerterfassung wird an diese Meßstelle eine feste
Spannung angelegt und geprüft, ob ein Meßwert mit vorgeschriebener
Genauigkeit entsteht.
Bei Überschreitung der Genauigkeitsgrenzen wird Vorrang angemeldet.
Im zugehörigen Maßnahmeprogramm wird eine entsprechende Informa-
tion mit dem Schreibautomaten ausgeschrieben.
Beim PR 2000 können maximal vier Prüfmeßstellen benutzt werden. Die
verwendeten Meßkanäle sind beliebig. Es können analoge, aber auch digi-
tale Meßgrößen überwacht werden.
Vorrang 3 wird erreicht, wenn der Informationspuffer bei Steuerwertausgabe nicht beschrieben werden kann. Wie bei Vorrang 1 wird die Ausgabe mehrmals versucht. Gelingt sie nicht, so erfolgt Fehlerausschrift.
Im Vorrangprogramm 4, Akkumulatorüberlauf, muß verhindert werden,
daß das Programm mit falschen Werten fortgesetzt wird. In jedem Fall
muß eine Fehlerausschrift stattfinden.
Das Blockieren eines Schreibautomaten (Vorrang 5) kann in vielen Fällen
durch ein Maßnahmeprogramm beseitigt werden. Gelingt das Freimachen
nach mehreren Versuchen nicht, so wird auf einen anderen Schreibautomaten umgeschaltet. Nach einer Fehlerausschrift wird die unterbrochene
Ausgabe auf dem zweiten Gerät fortgesetzt.

Die *Fehlerausschriften* enthalten Kennzeichen für die Art des Fehlers, die Uhrzeit und weitere Angaben zur Lokalisierung des Fehlers. Weitere Fehlerausschriften sind bei Fehlanwahl einer Meßstelle (Vergleich Soll-Ist-Adresse bei der Meßwerterfassung) und bei Meßstellenausfall vorgesehen. Meßstellenausfall kann getestet werden, da bei dem beschriebenen Einsatzfall nur positive Meßwerte auftreten können. Es wird geprüft, ob der abgefragte (unkorrigierte Spannungs-) Wert nahe 0 oder 10 V liegt (Meßstellenausfall oder Verstärkeranschlag).

Das Vorrangprogramm 6 wird bei externer Grenzwertüberschreitung erreicht. Wie im Abschn. 3. beschrieben, wird die Grenzwertüberprüfung auch bei der zyklischen Meßwertabfrage vorgenommen. Diese Möglichkeit benutzt man im beschriebenen Anwendungsfall.

Bei festgestellter Grenzwertverletzung wird überprüft, ob es sich um den Beginn der Verletzung handelt oder ob der Grenzwert schon im letzten Abfragezyklus überschritten war. Entsprechend wird auch das Ende festgestellt. Als Informationen werden ein Symbol für die Gernzwertverletzung, ein Symbol für Beginn oder Ende der Verletzung, die Uhrzeit, die Nummer des Meßkanals und der abgefragte Wert auf einem Schreibautomaten ausgegeben. Bei speziellen Meßstellen (z. B. Einlaufkonzentration) führt eine Grenzwertverletzung zu Sondermaßnahmen (z. B. Änderung des Einlaufbodens).

Den nächsten Vorrang hat das 1-min-Programm erhalten. Es besteht aus mehreren Teilen:

1. Zyklische Meßwertabfrage: Alle Minuten werden die angeschlossenen (etwa 40) Meßkanäle abgefragt und die gewonnenen Spannungswerte in der Zentraleinheit zwischengespeichert. Gleichzeitig mit dieser Abfrage läuft auch der Test auf externe Grenzwertverletzung ab. Diese Überwachung ist nur für einen Teil der Meßwerte nötig.

   Im Zuge der Meßstellenabfrage erfolgt auch der Test auf Fehlanwahl des Meßkanals (Vergleich zwischen Soll- und Ist-Adresse des abgefragten Wertes) und der Test auf Meßstellenausfall. Bei Fehlanwahl wird die Abfrage dreimal wiederholt. Gelingt sie nicht, so kommt es zur erwähnten Fehlerausschrift. Sowohl in diesem Fall als auch bei Meßstellenausfall wird das 1-min-Programm abgebrochen und der gesamte Meßwertzyklus nicht benutzt. Eine andere Möglichkeit bestünde darin, für die falschen Meßwerte die des letzten Durchlaufs zu verwenden.

2. Korrektur der abgefragten Spannungswerte: Die Spannungswerte müssen entsprechend ihrer physikalischen Bedeutung korrigiert werden. In den meisten Fällen genügt lineare Korrektur, in wenigen Fällen ist quadratische oder kubische Korrektur erforderlich. Da die Spannungswerte nun nicht mehr benötigt werden, können die korrigierten Meßwerte auf den gleichen Speicherzellen wie die Spannungswerte zwischengespeichert werden.

3. Zählung der Abfragen: Bei Meßstellenausfall und Fehlanwahl wird das 1-min-Programm verlassen, das bedeutet, daß evtl. weniger als 60 mögliche Meßwertreihen in einer Stunde verarbeitet werden. Um die genaue Anzahl der Durchläufe zu ermitteln, ist ihre Zählung erforderlich.

4. Summenbildung: Da der beschriebene Prozeß relativ langsam abläuft, kann mit den Stundenmitteln, d. h. den Mittelwerten der einzelnen Meßgrößen über eine Stunde gearbeitet werden. Ein Maß für Änderungen ist die Streuung der Meßwerte. Um später Mittelwert und Streuung berechnen zu können, werden die Meßwerte und die Quadrate der Meßwerte aufsummiert. Es ist darauf zu achten, daß bei der Summierung der Zahlenbereich des Rechners nicht überschritten wird. Überlauf wird durch entsprechende Verschiebungen verhindert.

5. Maximum-Minimum-Bestimmung: Für mehrere Meßstellen (etwa 10) werden die Maximal- und Minimalwerte in einer Stunde gewünscht. Diese Werte erhält man, indem man die korrigierten Meßwerte mit den bisherigen Maximal- bzw. Minimalwerten vergleicht und diese nötigenfalls durch die neuen Meßwerte ersetzt.

6. Steuerwertausgabe: Wie bereits angeführt, können die stündlich neu berechneten optimalen Steuerwerte nicht direkt ausgegeben werden, zumal wenn gegenüber den zuletzt berechneten eine größere Abweichung besteht. Im Programmteil Steuerwertausgabe werden die eingestellten Sollwerte mit den optimalen Steuerwerten verglichen und schrittweise an diese herangeführt. Die neu ermittelten Sollwerte werden direkt ausgegeben.

7. Kenngrößenberechnung: Im Rahmen des 1-min-Programms werden noch einige Kenngrößen des Prozesses (z. B. der Wirkungsgrad) berechnet.

Damit ist der wesentlichste Inhalt des 1-min-Programms umrissen.
Der Vorrang 8, Anzeige von Momentanwerten, kann von Hand ausgelöst werden. Nach Einstellung der Adresse des gewünschten Meßkanals an den Dekadenschaltern einer Eingabestation wird mit der zugehörigen Taste der Vorrang 8 angemeldet. Das Programm enthält die laufende Abfrage der gewünschten Meßstelle und die Anzeige des korrigierten Wertes auf der Digitalanzeige. Damit ist es dem Anlagenfahrer ermöglicht, kritische Meßpunkte in ihrem Verlauf zu beobachten.
Das Vorrangprogramm 9 wird alle 24 h von der Digitaluhr ausgelöst. Es umfaßt ein sog. Kalenderprogramm, die Einstellung des neuen Datums auf entsprechenden Speicherzellen. Auf diese Zellen wird speziell beim Protokolldruck zurückgegriffen.
Hinter Vorrang 10 verbirgt sich das 1-h-Programm. Das ist wieder ein relativ umfangreiches Programm, es besteht aus mehreren Teilprogrammen.

1. Umspeichern und Nullsetzen: Da das 1-h-Programm längere Zeit dauert, wird es von höheren Vorrängen unterbrochen, speziell vom 1-min-Programm. Dabei werden die Summenwerte und der Zyklenzähler verändert. Um diesen Einfluß auszuschalten, werden zu Beginn des 1-h-Programms der Zählerstand und die Summenwerte umgespeichert und die zugehörigen Zellen gelöscht. Die folgenden Programmteile beziehen sich auf diese umgespeicherten Werte, die unabhängig vom 1-min-Programm sind. In gleicher Weise muß mit den Minimum-Maximum-Werten verfahren werden.

2. Berechnung von Mittelwert und Streuung für die einzelnen Meßstellen.

3. Aufsummierung von Mengen für das 8-h-Programm (Durchsatz, Seiten-
fraktionsmenge usw.).

4. Änderung des Einlaufbodens in Abhängigkeit von der Konzentration
des Gemisches.

5. Optimierung: Aus den errechneten Mittelwerten wird nach einem vorgegebenen Algorithmus (Prozeßmodell) die optimale Fahrweise ermittelt.
Die Reglersollwerte werden in den 1-min-Programmen schrittweise an
die Optimalwerte angeglichen.

6. Protokolldruck: Nach Datum und Uhrzeit werden die Mittelwerte und
die zugehörigen Streuungen, die optimalen Steuerwerte, Kennwerte
usw. mit entsprechenden Texten auf dem Schreibautomaten ausgeschrieben.

Im 8-h-Programm (Vorrang 11) werden Bilanzwerte (Durchsatz, Gewinn
usw.) berechnet und protokolliert.
Über Vorrangprogramm 12, Steuerwertausgabe von Hand, kann die Fahrweise der Kolonne durch den Operator eingestellt werden. Dieses Programm hat Bedeutung bei der Ermittlung des Prozeßmodells (Einstellung
verschiedener Arbeitspunkte) und bei Anlagenstörungen. Sowohl der
Ausgabekanal als auch der auszugebende Wert müssen vorgegeben werden.

Um Programmänderungen vornehmen zu können oder um spezielle Testprogramme einzuleiten, benutzt man ein Triadeneingabeprogramm. Dieses
Programm hat den Vorrang 13 und wird durch Drücken der Schreib-
automaten-Anmeldetaste erreicht.
Vorrangprogramm 14 ist ein Programm zum Uhrstellen. Die Zeit wird
an einer Eingabestation eingestellt und der Vorrang entsprechend angemeldet. Uhrstellen ist erforderlich, wenn der Prozeßrechner ausgeschaltet war.
Damit sind die hauptsächlichen Bestandteile des Programms zusammengestellt.
Weniger anschauliche Teilprogramme wurden übergangen.

4.3.   Einzelne Programmstellen

4.3.1. Zentrale Abfrageschleife des PR 2000

Die zentrale Abfrageschleife ist das Hauptprogramm. Beim Starten des
Rechners zur Programmabarbeitung gelangt man in die zentrale Abfrageschleife. Hier erfolgt fortlaufend Test auf Vorrang. Bei Vorranganmeldung
wird sie verlassen. Es beginnt das Vorrangentschlüsselungsprogramm, das
die Abarbeitung der Vorrangprogramme organisiert. Liegt keine Vorranganmeldung mehr vor, so beginnt wieder die zentrale Abfrageschleife. Da
ein Prozeßrechnerprogramm für Dauerbetrieb gedacht ist, gibt es kein
eigentliches Programmende. Die Programmabarbeitung kann jederzeit von
Hand beendet werden (Stoptaste). Programmstop tritt ein, wenn Störungen durch entsprechende Maßnahmeprogramme nicht beseitigt werden
können, so daß eine Reparatur erforderlich wird.

Die zentrale Abfrageschleife besteht aus nur zwei Befehlen:

$$r + 0 \qquad\qquad \text{VE } 165$$
$$r + 1 \qquad\qquad r + 0\ 000$$

Die erste Spalte enthält die Adresse der Zelle, in der sich der in der zweiten
Spalte stehende Befehl befindet. Die Programme werden relativ aufgestellt. Die absoluten Adressen werden später durch die geeignete Wahl
von r festgelegt. In der Zelle $r + 0$ befindet sich der Vorrangtestbefehl mit
dem Adressenteil VE, das ist die Einsprungadresse des Vorrangentschlüsselungsprogramms, und dem Operationsteil 165. Der Vorrangtest ist wie
beschrieben ein bedingter Rücksprungbefehl, der ausgeführt wird, wenn
ein Vorrang angemeldet ist. Bei erfüllter Sprungbedingung wird der
nächste Befehl aus der Zelle VE entnommen, im Akkumulator erscheint
außerdem der Rücksprungbefehl $r + 1\,000$, ein unbedingter Sprung nach
$r + 1$. Bei nichterfüllter Sprungbedingung wird als nächster Befehl der
in $r + 1$ stehende abgearbeitet. Das ist ein unbedingter Sprung zurück
zum Vorrangtest. Die Schleife wird erneut durchlaufen.

4.3.2. *Vorrangentschlüsselungsprogramm*

Das Vorrangentschlüsselungsprogramm wird mit dem Rücksprungbefehl

      VE 165

erreicht, es beginnt daher mit dem Abspeichern des im Akkumulator
entstandenen Sprungbefehls R in die Zelle RO. Da der Vorrangpuffer VP
beim Abfragen automatisch gelöscht wird, wird sein Inhalt in einer Merkzelle VM aufbewahrt. Bei einer beliebigen Vorranganmeldung müssen nicht
alle vorher angemeldeten Vorränge schon abgearbeitet sein, in VM wird
noch eine alte Information stehen. Um sie zu erhalten, wird der alte
Inhalt von VM disjunktiv mit dem Inhalt von VP verknüpft und in VM
aufbewahrt. Als nächstes ist zu prüfen, ob der neu angemeldete Vorrang
dringlicher als die zur Zeit in Bearbeitung befindlichen Programme ist
(das Vorrangentschlüsselungsprogramm wird ja nicht nur von der zentralen Abfrageschleife her erreicht, sondern auch von beliebigen Vorrangtests während der Arbeitsprogramme). Die Information über die gerade
laufenden Vorrangprogramme befindet sich in der Zelle VL. Ist der neu
angemeldete Vorrang weniger wichtig, so wird über RO zum unterbrochenen Programm zurückgekehrt. Ist der neue Vorrang von höherer Ordnung, so muß VM entschlüsselt werden (mittels X-Befehl). Das zum wich-
tigsten angemeldeten Vorrang gehörende Programm wird eingeleitet. Das
Vorrangentschlüsselungsprogramm hat die im Bild 8 gezeigte Struktur.
Der Operator X mit der Eingangsgröße VM und der Ausgangsgröße Ki
symbolisiert den X-Befehl zur Ermittlung des höchsten angemeldeten
Vorrangs, Ki ist ein Konnektor, über den der Sprung in das zugehörige
Vorrangprogramm erfolgt.

Das Maschinenprogramm ist auf zwei Spuren verteilt. Damit war eine
zeitoptimale Gestaltung möglich. Das Programm wird in relativer Form
angegeben. Im Verteiler für die Vorrangprogramme sind deren Ein-
sprungadressen einzusetzen.

Wird ein Vorrangprogramm höherer Priorität durch Anmeldung eines niedrigeren Vorrangs unterbrochen, so dauert das Entschlüsselungsprogramm bis zur Ausführung des Rücksprungs RO 67 Wortzeiten. Bei Anmeldung eines höheren Vorrangs wird der X-Befehl nach 75 Wortzeiten erreicht. Der X-Befehl dauert je nach angemeldetem Vorrang 34 bis 50 Wortzeiten.

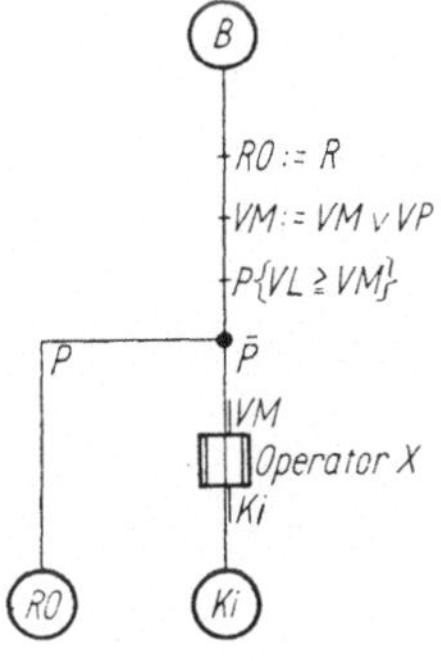

Bild 8. Ablauf des Vorrangentschlüsselungsprogramms

Danach wird der Sprung in das gewünschte Vorrangprogramm ausgeführt. Da die Operation Disjunktion beim PR 2000 nicht existiert, muß sie umschrieben werden (die Operationen sind bitweise zu verstehen):

$$VP \lor VM = (\overline{VP} \land VM) + VP =$$
$$((-VP - 2^{-32}) \land VM) + VP$$

Der Einsprung in das Vorrangentschlüsselungsprogramm erfolgt bei VE + 0. VM steht in der Zelle VE + 36, VL in VE + 37.

Tafel 11. Relativprogramm: Vorrangentschlüsselung

Zelle	Befehl		Bemerkung
VE + 0	VE + 7	240	RO := R
1	0000	321	
2	5000	340	
3	VE + 35	220	Akku := VP ∨ VM
4	VE + 36	200	
5	5000	320	
6	VE + 26	000	
7			Rücksprung RO
VE + 26	5000	340	VM wird nach VE + 36 und in
27	VE + 36	240	den Schnellspeicher gebracht
30	VE + 37	200	Einstellung der Vergleicher-Flip-Flops
31	VE + 7	150	P { VL ≥ VM }
32	5000	315	Akku := 2 · VM
33	VE + 57	000	
VE + 35	0000	001	2^{-32} (Konstante)
36			VM } Arbeitsspeicher
37			VL
VE + 57	7714	544	Gruppen-X-Befehl

Zelle	Befehl	Bemerkung
Verteiler für die Vorrangprogramme:		
VE + 51	... 000	Vorrang 1
66	... 000	Vorrang 2
43	... 000	Vorrang 3
60	... 000	Vorrang 4
75	... 000	Vorrang 5
52	... 000	Vorrang 6
67	... 000	Vorrang 7
44	... 000	Vorrang 8
61	... 000	Vorrang 9
76	... 000	Vorrang 10
53	... 000	Vorrang 11
70	... 000	Vorrang 12
45	... 000	Vorrang 13
62	... 000	Vorrang 14
77	... 000	Vorrang 15
54	... 000	Vorrang 16
71	... 000	Vorrang 17

4.3.3. *Vorrangprogramme*

Die Vorrangprogramme werden vom Vorrangentschlüsselungsprogramm mit einem unbedingten Sprung erreicht. Bevor das eigentliche Arbeitsprogramm beginnt, ist ein Vorspann erforderlich.

1. Damit nach Abarbeitung des Vorrangprogramms das unterbrochene Programm an der richtigen Stelle fortgesetzt wird, muß der Rücksprungbefehl RO übernommen werden. Er wird nach Ri gebracht, einer für jedes Vorrangprogramm speziell festgelegten Zelle (i Vorrangnummer), von der aus der Rücksprung erfolgt.

2. Aus VM wird das dem eben begonnenen Vorrangprogramm entsprechende Bit (BVi) herausgelöscht (durch Konjunktion). Damit ist eine Neuanmeldung dieses Vorrangs möglich.

3. In der Merkzelle für die in Bearbeitung befindlichen Programme VL wird das dem begonnenen i-ten Vorrangprogramm entsprechende Bit (BVi) eingefügt. Das Einfügen geschieht durch Addition, da die zugeordnete Stelle in VL sicher 0 ist (ein Vorrangprogramm kann nicht durch sich selbst unterbrochen werden).

An den Vorspann schließt das Arbeitsprogramm unmittelbar an. Je nach seiner Zeitdauer kann es beliebig viele Vorrangtestbefehle enthalten.
Auf das Arbeitsprogramm folgt ein Nachspann.

1. Da die Abarbeitung des Vorrangprogramms beendet ist, muß aus VL, der Merkzelle für die in Arbeit befindlichen Programme, das zugeordnete Bit (BVi) wieder herausgelöscht werden. Damit kann bei einer Neuanmeldung dieses Programm erneut eingeleitet werden.

2. Während der Abarbeitung des eben beendeten Vorrangprogramms können Vorränge mit niedrigerer Ordnung angemeldet worden sein,

es ist VM $\neq$ 0. Zur Ermittlung des weiteren Programmablaufs wird
der Rücksprung Ri in den Akkumulator geholt und damit ein unbedingter Sprung in das Vorrangentschlüsselungsprogramm ausgeführt
(nach VE).
Im Fall VM = 0 ist kein weiterer Vorrang angemeldet, es folgt der
Rücksprung Ri in das unterbrochene Programm.

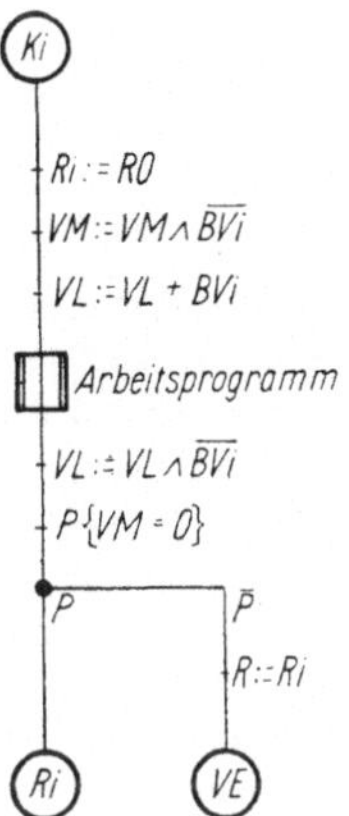

Bild 9. Ablauf eines Vorrangprogramms

Die Struktur eines Vorrangprogramms ist aus Bild 9 zu entnehmen. i bedeutet die Nummer des speziellen Vorrangs. Als weiteres Programmbeispiel soll noch das Relativprogramm des Vorspanns beschrieben werden.

Tafel 12. Relativprogramm: Vorspann

Zelle	Befehl		Bemerkung
Vi + 0	VE + 7	211	} Ri := RO
1	Vi + 10	240	
2	Vi + 11	211	
3	Vi + 4	000	Sprung zur Zeitoptimierung
4	VE + 36	260	VM := VM ∧ BVi
5	VE + 37	210	
6	VE + 37	240	VL := VL + BVi
7	. . .	000	Sprung zum Arbeitsprogramm
10			Rücksprung Ri
11			Konstante BVi

Dieser Programmabschnitt dauert 67 Wortzeiten (unter der Voraussetzung, daß VE und Vi Adressen mit der gleichen Sektornummer sind).
Wenn Unterprogramme in verschiedenen Vorrangebenen benutzt werden
(z. B. Ausgabeprogramme), ist dafür zu sorgen, daß das unterbrochene
Programm nach Abarbeitung des wichtigeren mit den alten Informationen
fortgesetzt werden kann.

5. Aufbau, Arbeitsweise und Programmierung des Prozeßrechners Arch 2020

5.1. Beschreibung der Anlage

5.1.1. *Zentraleinheit*

Der Arch 2020 ist wie der PR 2000 eine Einadreßmaschine. Die Verarbeitung der Worte erfolgt aber im *Parallelbetrieb*. Dadurch ist eine größere Geschwindigkeit für die Operationen gewährleistet. Die Taktfrequenz beträgt 130 kHz.

Der Arch 2020 ist mit einem Kernspeicher ausgerüstet. Dieser ist aufrüstbar von minimal 4096 auf maximal 32768 Worte (in Einheiten zu 4096 oder zu 8192 Worten) zu je 24 bit. Eine spezielle Eigenart der Kernspeicher ist, daß die Information beim Lesen zerstört wird. Sie muß deshalb wieder eingeschrieben werden. Die zum Lesen, Wiederschreiben und Abgeben der Information erforderliche Zeit bezeichnet man als die *Zykluszeit* des Speichers, sie ist beim Arch 2020 6 µs. Bei speziellen Operationen werden die Register R und M zu einem doppelt langen Register (48 bit) zusammengefaßt.

Tafel 13. Register der Zentraleinheit des Arch 2020

Name	Abkürzung	Länge/Bit
Hauptakkumulator	M	24
Reserveakkumulator	R	24
Befehlszähler	S	16
Zählregister	K	12
Bedingungsregister	C	´24[1])
Interruptwort	I	12
Attentionwort	A	12

[1]) Vom Bedienungsregister werden die Bit 17 bis 7 nicht benutzt.

5.1.2. *Befehlswort und Zahlwort*

Beim Arch 2020 ist es üblich, die einzelnen Bits eines Wortes in umgekehrter Reihenfolge wie beim PR 2000 zu numerieren.

$$z_{24}\ z_{23}\ \ldots\ z_1$$

Bei den Registern verwendet man anstelle von z die der Abkürzung entsprechenden Kleinbuchstaben.

Hauptakkumulator:

$$m_{24}\ m_{23}\ \ldots\ m_1$$

Man unterscheidet zwei Formen von Befehlen: die *Langbefehle* und die *Kurzbefehle*. Ein Langbefehl besteht aus 24 bit, ein Kurzbefehl aus 12 bit. In einer Speicherzelle kann man daher entweder einen Langbefehl oder zwei Kurzbefehle unterbringen. Ein Kurzbefehl ist in drei Funktionsgruppen unterteilt.

Bezeichnung:	G	F	N
Länge/bit:	3	3	6

Beim Langbefehl werden fünf Funktionsgruppen unterschieden.

Bezeichnung:	G	F	Y	Z	N
Länge/bit:	3	3	2	1	15

Ein Langbefehl kann auch in der zweiten Hälfte eines Wortes und der ersten Hälfte des nächsten Wortes stehen (diese Form dauert bei der Abarbeitung 9 µs länger).

Bedeutung der Funktionsgruppen:

G Befehlsgruppe — ist $G < 4$, so wird der Befehl als Kurzbefehl, ist $G \geq 4$, so wird der Befehl als Langbefehl interpretiert.

F ist die eigentliche Operationstriade

Y gibt Auskunft über die Modifikation des Adressenteils des Befehls.

Z gibt Auskunft darüber, ob es sich um einen normalen Befehl ($Z = 0$) oder eine sog. Extrakodeoperation ($Z = 1$) handelt. Diese Befehle sind Sprungbefehle in spezielle Unterprogramme (z. B. Gleitkommarechnung), die mit dem im Adressenteil des Befehls festgelegten Operanden (unter Berücksichtigung der Adressenmodifikation durch Y) ausgeführt werden. Anschließend wird die normale Befehlsfolge fortgesetzt.

N enthält den Adressenteil des Befehls. Da bei Kurzbefehlen N nur 6 bit lang ist, arbeiten diese Befehle nur mit den Zellen 0 bis 63 des Hauptspeichers (Ausnahme: relative Vorwärtssprünge). Bei den Langbefehlen ist N 15 bit lang, es können alle 32 768 Zellen (dezimal von 0 bis 32 767) direkt adressiert werden.

Es ist nun noch die Funktionsgruppe Y (Adressenmodifikation) näher zu erläutern. Der Operand, mit dem die Befehle arbeiten, sei Q.

$Y = 0$: $Q = N$. Der Adressenteil des Befehls wird als positive ganze Zahl interpretiert und als Operand verwendet. Diese Form des Befehls wird als „literal" (engl., buchstäblich) bezeichnet.

$Y = 1$: $Q = \langle N \rangle$. Operand ist der Inhalt der Zelle N. Diese Form heißt „direkt“.

$Y = 2$: $Q = \langle N + r \rangle$. r ist der Inhalt des Reserveakkumulators, er wird als Adresse gewertet und zum Adressenteil des Befehls hinzugefügt. Diese Art der Adressenbehandlung wird als „modifiziert“ bezeichnet.

$Y = 3$: $Q = \langle n \rangle$ mit $n = \langle N \rangle$. Bei dieser als „indirekt“ bezeichneten Form wird der Inhalt der Zelle N als Adresse aufgefaßt, der Inhalt der dieser Adresse zugeordneten Zelle ist der Operand.

Bei $Z = 1$ wird nur zwischen $Y = 0$ und $Y \neq 0$ unterschieden.

Der Befehlszähler S ist 16 bit lang, also 1 bit länger als zur direkten Adressierung der 32 768 Zellen nötig wäre. Das letzte Bit enthält die Information über die Worthälfte, in der der Befehl beginnt. Ist das Bit 0, so beginnt der Befehl im vorderen Teil des Wortes, ist das Bit 1, so wird mit der zweiten Hälfte begonnen. Bei einem Kurzbefehl wird der Inhalt des Befehlszählers um 1, bei einem Langbefehl um 2 erhöht.

Bei der Festkommarechnung arbeitet man mit ganzen Zahlen

$$- 2^{23} \leq i \leq 2^{23} - 1 \, .$$

Bei der Gleitkommarechnung arbeitet man mit Doppelworten: 39 bit Mantisse, 9 bit Exponent. Die Rechenzeiten sind verschieden. Eine Festkommaaddition dauert 12,0 µs, eine Gleitkommaaddition 347 µs. Bei der Multiplikation steht der Festkommazeit von 67,0 µs die Gleitkommazeit von 661 µs gegenüber. Bei der Division sind die Zeiten 68,1 µs und 634 µs.

5.1.3. Vorrangsteuerung

Beim Arch 2020 gibt es drei verschiedene Vorrangebenen. Ebene 1 wird als *Interruptebene*, Ebene 2 als *Attentionebene* bezeichnet. Die Ebene 3 enthält die weniger wichtigen Programme. Für die Ebenen 1 und 2 gibt es je ein 12stelliges Vorrangregister, das Interruptwort und das Attentionwort. Programme der Ebene 3 können durch Interrupts und Attentions unterbrochen werden, Programme der Ebene 2 durch Interrupts. Die Programme der Ebene 1 sind nicht unterbrechbar. Die Unterbrechungen sind fest, verdrahtet, entsprechend dem eingegangenen Signal wird ein Entschlüsselungsprogramm für das Interruptwort bzw. das Attentionwort eingeleitet und anschließend das gewünschte Arbeitsprogramm gestartet. Nach Abarbeitung dieses Programms wird zum unterbrochenen zurückgekehrt bzw. werden weitere wichtigere Programme angewählt.

5.1.4. Periphere Geräte

Zur Zentraleinheit gehören 12 gleichwertige Eingabe-Ausgabe-Kanäle. An diese Kanäle werden die standardisierten externen Einheiten angeschlossen. Dazu gehören u. a. Lochstreifenleser (1000 Zeichen/s), Lochstreifenstanzer

(110 Zeichen/s), Schreibmaschinen (15 Zeichen/s), Zeilendrucker (600 Zeilen/s), Plattenspeicher (8 Platten mit je $2 \times 157\,000$ Worten, Übertragungsgeschwindigkeit 26 000 Worte/s), aber auch die Meßwerterfassungs- und die Steuerwertausgabeeinheiten.

Jeder Eingabe-Ausgabe-Kanal kann sowohl eine Interrupt- als auch eine Attentionunterbrechung des laufenden Programms hervorrufen.

Die Ein- und Ausgabe erfolgt gepuffert. Auszugebende Informationen werden in den Puffer gebracht, danach setzt der Rechner die Abarbeitung des Programms fort, die externe Einheit verarbeitet gleichzeitig den Pufferinhalt. Bei Eingabe läuft diese Parallelarbeit in umgekehrter Richtung. Sobald die externe Einheit mit ihrer Arbeit fertig ist, wird Interrupt eingeleitet. Das Programm wird unterbrochen, der Puffer wird neu gefüllt bzw. gelesen. Damit braucht die Zentraleinheit nicht auf die langsameren peripheren Geräte zu warten, sie kann diese auch zeitgeschachtelt betreiben. Attention wird z. B. bei Papierende beim Streifenstanzen und ähnlichen Ereignissen ausgelöst.

5.1.5. *Zeitgeber*

Die Standardausführung des Zeitgebers veranlaßt 128 Programmunterbrechungen in einer Sekunde durch Interruptsignale (etwa alle 7,8 ms eine Unterbrechung). Das zugeordnete Arbeitsprogramm ist das sog. Uhrprogramm. Es veranlaßt die Aktivierung der fälligen zeitabhängigen Programme.

5.1.6. *Meßwerterfassung und Steuerwertausgabe*

Die Bestückung der Anlage ist variabel. An jeden Eingabe-Ausgabe-Kanal können acht Analogeingabeeinheiten mit je 128 Meßstellen angeschlossen werden. Von je 128 Meßstellen sind vier als Testmeßstellen vorgesehen. Die Abfragegeschwindigkeit ist maximal 128 Meßstellen je Sekunde. Die Meßwerte werden in digitale Informationen mit einer Länge von 12 bit umgesetzt.

Eine Digitaleingabeeinheit verfügt über 128 Kanäle zu 12 bit. Acht Einheiten können an einen Eingabe-Ausgabe-Kanal angeschlossen werden. Die Eingabegeschwindigkeit ist durch das Programm begrenzt. Einige Kanäle können als Impulseingänge bestückt werden. Die maximale Impulsfrequenz beträgt 250 Hz.

Die Länge des Zählers, in dem die Impulse aufsummiert werden, ist 6 bit. Sie werden bei der Abfrage gelöscht. Zur Vermeidung eines Überlaufs müssen die Zähler hinreichend oft abgefragt werden (bei 250 Impulsen/s alle 2 ms).

Mit einer oder mehreren Ausgabeeinheiten werden analog-verwertbare oder digitale Steuersignale zur Beeinflussung des Prozesses ausgegeben. Eine Ausgabeeinheit hat 128 Kanäle zu 12 bit. Neben den analog-verwertbaren und den digitalen Ausgängen gibt es auch Ausgänge zur Steuerung der Geschwindigkeit von Schrittmotoren.

Alle Meßwertabfragen und Steuerwertausgaben werden vom Programm veranlaßt.

5.2. Bemerkungen zur Programmierung

5.2.1. *Assembler*

Ein Assembler (s. Abschn. 6.1.1.) ist ein Programm, mit dessen Hilfe
in einem symbolischen Kode geschriebene Programme in Maschinen-
programme übersetzt werden. Vor Eingabe des zu übersetzenden Programms muß eine Zusammenstellung der im Programm für die Adressen
verwendeten Symbole eingegeben werden. Der Assembler ordnet jedem
Symbol eine feste Adresse zu.

Bei Verwendung des Arch-2020-Assemblers werden die Programme in
Chapter (Kapitel), diese Chapter werden in Blocks (Blöcke) unterteilt.
Programme, Chapter und Blocks tragen Namen, die bei Sprüngen als
Adressen benutzt werden. Die Programmierung erfolgt in drei Spalten:

Marke, Operation, Adresse.

Nach der Bezeichnung des nachfolgenden Programmteils (PROGRAM,
CHAPTER oder BLOCK) und dem zugehörigen Namen beginnt der Ver-
einbarungsteil. Es gibt folgende Gruppen.

DATA: Festkommagrößen

FDATA: Gleitkommagrößen

ARRAY: Vereinbarungen während der Rechnung (dynamische Ver-
einbarung)

CONST: Konstanten mit ihren Werten

Danach folgt unter der Überschrift CODE das eigentliche Teilprogramm.
Zur Kennzeichnung von Sprungzielen kann jedem Befehl eine Marke
(label) vorgesetzt werden.

Tafel 14. Beispiele für Operationssymbole

Symbol	Wirkung
LD	$m := Q$
ST	$Q := m$
ADD	$m := m + Q$
SUB	$m := m - Q$
LDR	$r := Q$
ADDR	$r := r + Q$
usw.	usw.

(Q Operand, m Inhalt des Hauptakku-
mulators, r Inhalt des Reserveakkumulators)

Zur Kennzeichnung des Befehlstyps (Kurz- oder Langbefehl) bzw. der
Adressenmodifikation werden die Symbole durch Zusatz von Buchstaben
erweitert.

Beispiel

ADD   direkte Adressierung

ADD:S   Kurzbefehl

ADD:L   „literal" Adressierung

ADD:M   modifizierte Adressierung

ADD:I   indirekte Adressierung

5.2.2. *Hilfsprogramme und Organisationsprogramme*

Für den Arch 2020 gibt es viele Hilfsprogramme. Diese sind komplexweise in Chapters zusammengefaßt. Es gibt z. B. die Chapter MATH (enthält Operationen wie Quadratwurzel, sin, cos, ln, exp usw.), MATRIX (Matrizenoperationen, Lösung linearer Gleichungssysteme), TRANSFER (Lochstreifenausgabe, Lochstreifeneingabe usw.) u. a.
Bei Off-line-Betrieb wird die Organisation der im Speicher befindlichen Programme mit Hilfe von SYSTEMS vorgenommen. Dazu gehört auch SPAN, die (dynamische) Speicherplatzorganisation während der laufenden Rechnung.
Bei On-line-Betrieb wird die Organisation von einem Echtzeitbetriebssystem (ONLINE-REFORM) übernommen. Dieses On-line-System hat folgende **Aufgabenstellung**:

1. Behandlung der Programmunterbrechungen und Organisation der Arbeit auf den drei Ebenen

2. Organisation der zeit- und bedingungsgesteuerten Programme

3. gesamte Informationseingabe und -ausgabe

4. Arbeit mit dem Prozeßbedienpult

5. Organisation und Bereitstellung der Fehlerdiagnose- und Systemzustandsprogramme

Die Betriebssysteme erleichtern die Arbeit mit dem Rechner wesentlich.

6. Fortgeschrittene Programmiersysteme für Prozeßrechner

Schon seit Jahren werden für wissenschaftlich-technische Berechnungen
sowie für Probleme der ökonomischen Datenverarbeitung Programmiersprachen verwendet, die es ermöglichen, die Programme in einer dem
Menschen angepaßteren Form, als es die Maschinensprache eines Rechen-
automaten ist, zu schreiben (s. RA 42, RA 43, RA 44 und RA 47). Die
Programmierung in der Maschinensprache erweist sich als äußerst zeit-
raubend und mühsam. Außerdem sind die Fehlermöglichkeiten sehr
erheblich. Dagegen bieten Programmiersprachen dem Programmierer Er-
leichterungen und Vereinfachungen, die die Programmierung wesentlich
beschleunigen und die Fehlermöglichkeiten vermindern. Die in Programmiersprachen geschriebenen Programme werden von speziellen Über-
setzungsprogrammen (*Assembler, Compiler* — s. RA 52) in die Maschinensprache des Rechners übersetzt. Bei höherorganisierten Sprachen sind
diese übersetzten Programme allerdings im allgemeinen weit weniger
effektiv als Programme, die von Programmierern sofort in der Maschinensprache programmiert werden. Das drückt sich in einem höheren Bedarf
an Rechenzeit und Speicherplatz aus. Jedoch bieten die modernen Rechen-
automaten mit ihren hohen Rechengeschwindigkeiten sowie ihre Aus-
rüstung mit großen Hauptspeichern und peripheren Speichern durchaus
die Möglichkeit einer breiten Anwendung von Programmiersprachen.
Etwas anders liegen die Verhältnisse bei Prozeßrechnern. Hier setzte die
Entwicklung solcher Programmierhilfsmittel vergleichsweise erst später
ein. Das ist auf die Spezifik der Prozeßrechnerprogramme zurückzuführen,
die im allgemeinen sehr häufig durchlaufen werden, vielfach sogar im
Abstand von wenigen Sekunden. Außerdem bleiben die Programme oft
über sehr lange Zeit ungeändert, d. h., für den größten Teil aller Prozeßrechnerprogramme ist nur ein einmaliger Programmieraufwand notwendig.
Daher erschien es lange sinnvoll, diese Programme sehr gründlich vorzu-
bereiten und in der Maschinensprache zu schreiben, um Rechenzeit und
Speicherplätze zu sparen. Das trifft auch noch heute für kleinere Anlagen
mit geringer Speicherkapazität und geringer Rechengeschwindigkeit zu.
Besonders bei Anlagen mit Magnettrommelspeicher als Hauptspeicher tritt
ein großer Effektivitätsverlust bei Anwendung von höherorganisierten
Programmiersprachen ein, da ein Compiler mit erträglichem Aufwand nicht
in der Lage ist, die Besonderheiten der Programmierung eines Trommel-
rechners (zeitliche Optimierung der Speicherzugriffe) zu berücksichtigen.
Bei solchen Anlagen ist eine Anwendung von Programmiersprachen i. allg.
wenig sinnvoll.
Für größere Anlagen sind in letzter Zeit jedoch Möglichkeiten für mo-
dernere Programmierung geschaffen worden. Deshalb soll im Rahmen
dieses Abschnitts etwas näher auf solche Programmiersprachen eingegangen werden, die bei wissenschaftlich-technischen Rechnern schon länger
angewendet werden.

6.1. Maschinenorientierte Programmiersprachen

Hierbei handelt es sich um Programmiersprachen, die den speziellen Eigenschaften der betreffenden Maschinen noch sehr stark angepaßt sind. Die Befehle der Maschine sind meist alle noch explizit vorhanden, jedoch werden statt einer Zahlenkodierung für die in den Befehlen auszuführenden Operationen Buchstabenabkürzungen der Operationen verwendet. So wird häufig die Addition mit ADD, die Subtraktion mit SUB usw. bezeichnet. Solche Buchstabenverschlüsselungen sind übersichtlicher und leichter zu merken als Zahlen.

6.1.1. *Benutzung symbolischer Adressen*

Die wohl wichtigste Programmiererleichterung bei den maschinenorientierten Programmiersprachen sind die *symbolischen Adressen*. In der Maschinensprache müssen bei der Programmierung die genauen Speicheradressen zahlenmäßig angegeben werden. Das bringt beträchtliche Schwierigkeiten mit sich, da der Programmierer stets genau wissen muß, in welchen Zellen er welche Größen gespeichert hat. Außerdem sind bei Änderungen im Programm, die beim Einfahren immer erforderlich sind, speziell beim Einfügen von zusätzlichen Befehlen oft umfangreiche Änderungen auch anderer, von der ursprünglichen Korrektur nicht betroffener Befehle notwendig. Viele Sprungbefehle ändern sich (da sich die Adressen der Befehle verschieben). Diese Schwierigkeiten sind bei der Benutzung symbolischer Adressen überwunden.

Bei maschinenorientierten Programmiersprachen sind als Adressen im allgemeinen zugelassen:

Namen (Bezeichnungen)

direkte Speicheradressen

indizierte Adressen

häufig auch direkte Operanden

Die wichtigste Adressenart sind die Namen. Die einzelnen Programmgrößen werden vom Programmierer mit beliebigen Namen versehen, z. B. so, wie er sie bereits bei der Aufstellung der Programmablaufpläne bezeichnet hat. Dabei muß er sich an gewisse Vorschriften halten, z. B. ist häufig die Anzahl der Zeichen des Namens beschränkt (oft fünf oder sechs Zeichen). Außerdem wird verlangt, daß ein Name nur Ziffern und Buchstaben enthalten darf, wobei zur Unterscheidung von Zahlen das erste Zeichen ein Buchstabe sein muß. Aber all das ist keine wesentliche Einschränkung bei der Wahl von geeigneten Namen für die Programmgrößen. Zulässige Namen sind z. B. ALPHA, WERT1, X25 usw. Die Speicherplätze, in denen die einzelnen Größen gespeichert werden, legt der Programmierer meist nicht fest, das erledigt das Übersetzungsprogramm, das bei maschinenorientierten Programmiersprachen *Assembler* genannt wird.

Diese Namen verwendet der Programmierer wie sonst die Speicheradressen, z. B. lauten dann Befehle:

    ADD   Y1
    SUB   X2
    MUL   KONST

Das ist die Befehlsfolge für die Berechnung von KONST. (Y1 — X2). Für Sprungbefehle ist wichtig, daß jeder Befehl mit Hilfe einer *Marke* markiert werden kann. Man kann schreiben:

    M1   ADD   BETA

Die Marke (auch ein Name mit den üblichen Einschränkungen) hat keinerlei Einfluß auf die Abarbeitung dieses Befehls, kann aber als Adresse in einem Sprungbefehl benutzt werden, der zu diesem Befehl führen soll. Ein Befehl

    SPR   M1

führt dann diesen Sprung aus. Auf diese Weise ist es möglich, daß an beliebigen Stellen beliebig viele Befehle in ein fertig programmiertes Programm eingefügt werden oder herausgenommen werden können, ohne daß Sprungadressen geändert werden müssen. Die Umwandlung der Marken in echte Adressen wird ebenfalls vom Assembler durchgeführt.

Für die Adressenumwandlung legt sich der Assembler bei der Übersetzung ein *Adreßbuch* an, in dem er die Zuordnung von symbolischen zu echten Adressen notiert. Damit dies bereits vor der Übersetzung erfolgen kann, ist es meist erforderlich, daß sämtliche im Programm benutzten Namen am Anfang des Programms oder am Anfang eines größeren Programmstücks (Block) vereinbart werden. Das geschieht meist durch einfache Aufzählung der Namen, wobei sie zu ordnen sind in Gruppen von Größen im Festkomma und Größen im Gleitkomma. Diese Vereinbarungsliste wird vom Assembler durchgegangen, und jeder Größe (repräsentiert durch ihren Namen) wird ein Speicherplatz zugewiesen. Nun beginnt die Übersetzung der Befehle. Dabei wird zuerst das Operationssymbol durch die Verschlüsselung ersetzt, die unmittelbar von der Maschine gedeutet werden kann. Dann wird die symbolische Adresse im Adreßbuch gesucht und durch die echte Speicheradresse ersetzt. Nach jedem übersetzten Befehl wird ein „Speicherplatzzähler" (der tatsächlich die übersetzten Befehle und definierten Größen zählt, er ist nicht zu verwechseln mit dem hardwaremäßig realisierten Befehlszähler in der Maschine) um 1 erhöht. Ist ein Befehl mit einer Marke versehen, so wird die Marke zusammen mit dem derzeitigen Stand dieses Zählers ebenfalls in das Adreßbuch eingetragen. Erscheint später ein Sprungbefehl, der als Adresse diese Marke enthält, so kann sie durch die echte Adresse ersetzt werden. Bei Vorwärtssprüngen, wo also eine Marke als Adresse benutzt wird, bevor sie einen Befehl markiert, kann beim ersten Durchlauf der Übersetzung noch keine Umwandlung der symbolischen Adressen in Speicheradressen vorgenommen werden. Diese Stellen werden vom Assembler in bestimmter Weise markiert und erst, wenn alle Befehle übersetzt worden sind und damit alle Marken ihre echten Speicheradressen haben, vervollständigt.

6.1.2. *Makrobefehle*

Ein weiteres wesentliches Merkmal der maschinenorientierten Programmiersprachen sind die sog. *Makrobefehle.* Dabei sind zwei Arten zu unterscheiden: Makrobefehle, die der Maschinenhersteller erarbeitet hat, und solche, die der Benutzer sich für ein bestimmtes Programm extra aufstellt. Die allgemeinen Makrobefehle realisieren komplizierte Operationen, die nicht hardwaremäßig vorgesehen sind, z. B. können die Gleitkommaoperationen so realisiert sein. Die vom Benutzer selbst hergestellten „Makros" ersetzen bestimmte, im Programm häufig vorkommende Befehlsfolgen. Der wesentliche Unterschied zwischen den Makros und Unterprogrammen besteht darin, daß die Makrobefehle bei der Übersetzung durch die gesamte Befehlsfolge ersetzt werden, die Unterprogramme jedoch nur einmal im Speicher stehen und vom Programm durch Unterprogrammsprünge erreicht werden.

Die Makrobefehle haben eine besondere Bedeutung, da nicht in jedem Fall Unterprogramme benutzt werden können. Es ergeben sich nämlich Schwierigkeiten bei der Benutzung ein und desselben Satzes von Unterprogrammen in Programmen mit verschiedenen Prioritäten. Es kann dann vorkommen, daß ein Programm einer niedrigeren Priorität gerade in so einem Moment zugunsten eines Programms mit höherer Priorität unterbrochen wird, wo ein Unterprogramm abgearbeitet wird. Vorher sind vom Unterprogramm u. U. bestimmte Zellen mit Zwischenergebnissen gefüllt worden. Benutzt das Programm höherer Priorität nun ebenfalls dieses Unterprogramm, so werden die Zwischenspeicherzellen überspeichert und eine ordnungsgemäße Fortsetzung des unterbrochenen Programms ist nicht möglich. Werden dagegen die Befehle direkt in das Hauptprogramm eingearbeitet, so können solche Schwierigkeiten nicht auftreten, allerdings wird mehr Speicherplatz benötigt.

Müssen Unterprogramme von mehreren Programmen verschiedener Priorität benutzt werden, so muß entweder die Unterbrechung von Unterprogrammen verboten werden (was dann aber hardwareseitig vorgesehen sein müßte), oder es muß für jede Priorität ein besonderes Zwischenspeicherfeld für die Unterprogramme vorgesehen werden, so daß es zu keiner Überspeicherung kommen kann

Ist hardwareseitig ein Unterbrechungsverbot möglich, so können die Befehlsfolgen, die den Makroaufrufen entsprechen, als nichtunterbrechbare Unterprogramme aufgebaut werden. Dadurch wird Speicherplatz gespart. Der Makroaufruf ist dann nur noch ein Unterprogrammsprung mit Parameterversorgung.

Mit Hilfe von Makrobefehlen wird im allgemeinen auch der Datenaustausch mit dem Prozeß programmiert. So sind Makrobefehle der Art „Frage Meßstelle Nr. i ab und bringe den Meßwert auf Speicherplatz S" möglich, was etwa geschrieben sein könnte als

$$ABF(i, S)\,.$$

Die zeitzyklische Abarbeitung von Programmen kann ebenfalls mit Makrobefehlen veranlaßt werden, z. B. kann ZZA (8, 10) bedeuten, daß das Programm 8 im Abstand von 10 s abzuarbeiten ist.

6.1.3. *Maschinenorientierte Programmiersprache des Arch 2020*

Der im Abschn. 5. bereits erläuterte Prozeßrechner Arch 2020 besitzt
eine solche maschinenorientierte Programmiersprache, sie wird mit NEAT
bezeichnet. Die Befehle werden durch Buchstabensymbole dargestellt, wie
im Abschn. 5. angegeben ist. Auch die Programmiererleichterungen durch
symbolische Adressen sind vorhanden. Eindimensionale Datenfelder
(Gruppe von Daten mit einem gemeinsamen Namen, wobei die einzelnen
Elemente durch Indizes unterschieden werden) können sehr bequem durch
Angabe des Feldnamens und des Index adressiert werden.

Beispiel

A + 3 bezeichnet das vierte Element des Feldes A.

Der Feldname selbst adressiert das erste Element.

Gewisse Schwierigkeiten bereiten bei der Sprache NEAT bestimmte Operationen, die nicht hardwareseitig realisiert sind, sondern durch Programme
nachgebildet werden. Dazu gehören z. B. sämtliche Gleitkommaoperationen. In NEAT sind diese Operationen keine Makrobefehle, sondern einfache Unterprogramme, die mit Hilfe von Namen aufgerufen werden
können. Da es keine Möglichkeit gibt, auf jeder beliebigen Prioritätsebene
Unterbrechungen des laufenden Programms zu verbieten, kann man nur
dann auf jeder Ebene über die Extrakodes verfügen, wenn man die entsprechenden Unterprogramme für jede Ebene neu abspeichert oder Maßnahmen zur gesonderten Rettung von Zwischenergebnissen auf den ver-
schiednen Prioritätsebenen trifft. Auf Ebene 1 (s. Abschn. 5.1.3.) werden
Extrakodes i. allg. nicht verwendet, da sie zuviel Rechenzeit benötigen.

6.1.4. *Zuordnung zwischen programmierten Befehlen und Maschinenbefehlen*

Es soll noch auf eine wesentliche Eigenschaft der maschinenorientierten
Programmiersprache eingegangen werden. Es besteht eine genaue Zuordnung zwischen den Programmzeilen eines in einer maschinenorientierten Sprache geschriebenen Programms und den Maschinenbefehlen,
da im allgemeinen einer Programmzeile ein Maschinenbefehl entspricht.
Bei Makrobefehlen liegen die Verhältnisse etwas anders, da dort durch
eine (oder wenige) Programmzeilen mehrere Befehle repräsentiert werden.
Jedoch ist in jedem Fall bekannt, wie viele Maschinenbefehle an die Stelle
eines Makrobefehls treten. Diese Zuordnung hat Vorteile beim Testen der
Programme, denn solange eine solche Zuordnung vorhanden ist, können
leicht Fehler korrigiert werden, sowohl im Programm selbst, das in der
maschinenorientierten Sprache geschrieben ist, als auch im übersetzten
Programm. Man braucht also nicht immer eine neue Übersetzung zu veranlassen, wenn eine Änderung im Ursprungsprogramm vorgenommen worden ist, sondern kann sofort im Maschinenprogramm ebenfalls ändern.
Das ist in der Endphase der Testung, wenn viele Programme bereits in
ihrem Zusammenwirken getestet werden, vorteilhaft. Außerdem sind bei
Aufrechterhaltung einer solchen genauen Zuordnung die übersetzten Programme voll effektiv, es wird kein Speicherplatz verschenkt.

6.2. Weitere Entwicklung der Prozeßrechner-Programmiersprachen

Schon vor einigen Jahren begann die Entwicklung problemorientierter Programmiersprachen. Solche Programmiersprachen sind weitgehend von speziellen Maschinen unabhängig, sie sind auf einen bestimmten Problemkreis zugeschnitten. So gibt es für die Belange der wissenschaftlich-technischen Berechnungen u. a. die Sprachen ALGOL und FORTRAN, für die ökonomische Datenverarbeitung z. B. die Sprache COBOL usw.

Für das Gebiet der Prozeßsteuerung befindet sich die Entwicklung von problemorientierten Sprachen erst in den Anfängen, jedoch werden schon einzelne Elemente in die maschinenorientierten Sprachen eingebaut. Man geht dabei von der Tatsache aus, daß die maschinenorientierten Sprachen zwar die Programmierung *erleichtern*, jedoch nicht *vereinfachen*. Man muß noch immer Befehl für Befehl nacheinander niederschreiben. Erweiterungen der maschinenorientierten Sprachen sind hauptsächlich in zwei Richtungen erfolgt:

1. Als Adressen werden neben den bereits erwähnten symbolischen Bezeichnungen auch *arithmetische Ausdrücke* zugelassen. Dabei sind die arithmetischen Ausdrücke Folgen von Symbolen (symbolische Adressen, die jeweils durch Operatoren getrennt sind, z. B. AUF/AB $+$ UT $\cdot$ EB. Das erspart die langwierige Programmierung von Formeln.

2. Es werden Hilfsmittel für die Programmierung von *Zyklen* vorgesehen (vereinfachte Laufanweisung).

Die verschiedenen Möglichkeiten der Erweiterung maschinenorientierter Programmiersprachen durch Elemente problemorientierter Sprachen hat insbesondere für die Programmierung von Prozeßrechnern große Bedeutung. Bei der Programmierung von Aufgaben der Datenverarbeitung sowie wissenschaftlich-technischen Problemen geht die Tendenz eindeutig zu problemorientierten Sprachen. Man hat bereits versucht, bekannte problemorientierte Sprachen durch einige Zusätze für die Belange der Echtzeitverarbeitung zuzuschneiden. Solche Echtzeitsprachen liefern jedoch im allgemeinen Programme, deren Maschinenversionen wenig effektiv sind. Das liegt hauptsächlich an der Universalität solcher Sprachen, die in den meisten Fällen für die Belange der Prozeßsteuerung gar nicht notwendig ist. Eine große Universalität muß man immer mit großen Übersetzungszeiten und relativ uneffektiven Programmen bezahlen. Daher ist zumindest für die nähere Zukunft für die Programmierung der Prozeßrechner mit einem verstärkten Einsatz erweiterter maschinenorientierter Sprachen zu rechnen, da diese Sprachen recht effektive Programme in Maschinensprache liefern.

6.3. Einige Bemerkungen zu modernen Betriebssystemen für Prozeßrechner

Für moderne Prozeßrechner mit relativ großem Hauptspeicher oder leistungsfähigen peripheren Speichern sind *Betriebssysteme für Echtzeitverarbeitung* aufgestellt worden. Solche Betriebssysteme übernehmen die gesamte Organisation der Bearbeitung sämtlicher Programme gemäß den Echtzeitanforderungen. Mehrere Programme, die in den Abschnitten 1. und 2. beschrieben worden sind, wie die zentrale Abfrageschleife, die

Programme zur Entschlüsselung des Programmaufrufregisters und des Unterbrechungsregisters usw., werden zu einem einheitlichen Programmsystem zusammengefaßt. Zu den Hauptaufgaben von Echtzeitbetriebssystemen gehören:

1. Organisation der Arbeit der Programme im Speicher (z. B. Zuweisung von Speicherplatz an Programme, dabei meist dynamische Zuweisung erforderlich)

2. Ausdeutung von Programmier- und Anlagenfehlern, Ausgaben entsprechender Mitteilungen an den Bediener, Aufruf von Fehlermaßnahme- und Diagnostikprogrammen

3. Bedienung der Unterbrechungen (dazu gehört die Sicherung der parallelen Arbeit der Zentraleinheit und der Peripherie)

4. Organisation der Arbeit mit peripheren Speichern und Ein- und Ausgabegeräten

Diese Aufgaben sind von jedem Betriebssystem zu erfüllen, auch von denen die nur für Stapelverarbeitung vorgesehen sind. Ein Echtzeitbetriebssystem hat darüber hinaus noch weitere wichtige Aufgaben zu erfüllen, z. B.

5. Steuerung von Programmaufrufen nach der Zeit

6. Sicherung der Bearbeitung der Programme in der Reihenfolge ihrer Prioritäten

7. Bildung von Warteschlangen für Programme, für Bedienungen peripherer Einheiten usw. (damit wird die höchstmögliche Einhaltung der Echtzeitforderungen sowie die maximal mögliche Auslastung der Peripherie gesichert)

8. Verarbeitung von Änderungen in Programmen, z. B. Änderung von Parametern, Konstanten, Änderungen in den Prioritäten für die einzelnen Programme, Austausch ganzer Programme im laufenden prozeßgekoppelten Betrieb („on-line")

9. Durchführung von selbständigen Tests der Hardware durch Abarbeitung von Hardware-Testprogrammen in regelmäßigen Abständen

10. Organisation des Rechenbetriebs auch im nichtprozeßgekoppelten Betriebszustand („off-line")

Es ist selbstverständlich, daß für die Bewältigung all dieser Aufgaben ein relativ umfangreiches Programmsystem erforderlich ist. Das ist hauptsächlich darauf zurückzuführen, daß solche Betriebssysteme, sollen sie für alle Einsätze einer bestimmten Anlage verwendbar sein, sehr universell sein müssen. So können Funktionen in den Betriebssystemen enthalten sein, die in speziellen Fällen gar nicht oder nur sehr selten benötigt werden oder sich unter Berücksichtigung der speziellen Eigenschaften des betreffenden Einsatzfalls viel einfacher erledigen ließen. Andererseits bietet die Verwendung eines Betriebssystems dem Anwender umfangreiche Vorteile durch verschiedene Bequemlichkeiten.
Die Arbeit mit modernen Programmiersprachen ist ohne leistungsfähige Betriebssysteme sehr erschwert, wenn nicht gar, besonders bei höherorganisierten (problemorientierten) Sprachen, unmöglich.

Im Bild 10 ist das Zusammenwirken verschiedener Teile eines Echtzeitbetriebssystems mit den Anwendungsprogrammen sowie dem Prozeß dargestellt. Dazu im folgenden einige Erläuterungen: Der Prozeß wirkt auf
zwei Arten auf das System ein. Einmal durch seine Prozeßdaten (Meßwerte, Schalterstellungen usw.), die vom Ein- und Ausgabeorganisationsprogramm übernommen werden, und zum anderen durch Alarme, die auf

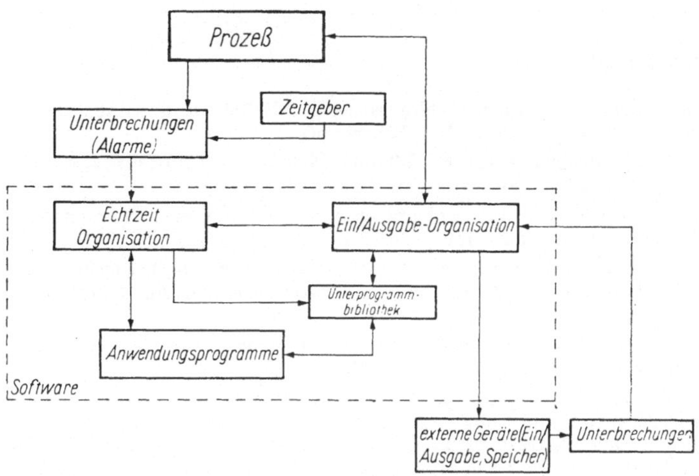

Bild 10. Wirkungsweise eines Echtzeitbetriebssystems

das Unterbrechungssystem gehen und das Auftreten veränderter Prozeßbedingungen, evtl. sogar Havarien anzeigen. Diese Alarmunterbrechungen
werden ebenso wie die Unterbrechungen; die vom Zeitgeber kommen,
vom Echtzeitorganisationsprogramm verarbeitet. Entsprechend werden
von diesem Programm über das Ein- und Ausgabeorganisationsprogramm
bestimmte Anwendungsprogramme von peripheren Speichern angefordert
oder, wenn diese Programme bereits im Hauptspeicher stehen, direkt zur
Abarbeitung aufgerufen, d. h. in das Programmaufrufregister eingetragen.
Die Abarbeitung der Anwendungsprogramme kann weitere Ein- und Ausgaben von und zum Prozeß oder anderen peripheren Einheiten mit sich
bringen. Diese werden ebenfalls wieder über das Ein- und Ausgabeorganisationsprogramm abgewickelt. Dabei veranlassen die externen Einheiten
immer Programmunterbrechungen, wenn eine bestimmte Aufgabe erfüllt
ist. Diese Unterbrechungen verarbeitet die Eingabe- und Ausgabeorganisation. Sowohl die Anwendungsprogramme als auch die Eingabe- und
Ausgabeorganisation benötigen für ihre Arbeit Unterprogramme, die sie
der Unterprogrammbibliothek entnehmen. Bei Alarmunterbrechungen und
Eingabe-Ausgabe-Unterbrechungen wird die Arbeit der Anwendungsprogramme unterbrochen, die Steuerung an das Echtzeitorganisationsprogramm zurückgegeben. Von dort werden die entsprechenden Programme
zur Bedienung dieser Unterbrechungen aufgerufen.

Es ist günstig, wenn ein Betriebssystem die Möglichkeit der Auf- und Abrüstung bietet, da dann das System auf die jeweilige Anlagenkonfiguration zugeschnitten werden kann. Außerdem kann der Anwender dann ohne besondere Mühe Teile des Systems durch selbst geschriebene Programme ersetzen, die evtl. den speziellen Bedingungen seines Einsatzes mehr Rechnung tragen als die Standardvariante des Betriebssystems.

Literaturverzeichnis

[1] Autorenkollektiv: Das Prozeßrechnersystem PR 2000 und seine Einsatzmöglichkeiten. Berlin: Verlag Die Wirtschaft.

[2] *Donegan, A. J.:* Programming Real-Time-Process-Control Computers. ISA-Journal 8 (1961) 12, S. 46—49.

[3] *Ernst, D.; Kaltenecker, H.:* Einsatz von Prozeßrechnern. Siemens-Zeitschrift 39 (1965) 9, S. 932—939.

[4] *Hofer, A.:* Zum DDR-Standardentwurf „Sinnbilder für Datenfluß- und Programmablaufpläne". Rechentechnik Datenverarbeitung 3 (1966) 9, S. 19—30.

[5] *Hollnagel, G.:* Zur Problematik der Prozeßrechnerprogrammierung Rechentechnik Datenverarbeitung 5 (1968) 4, S. 33—40.

[6] *Ицкович, Э. Л.; Трахтенгерц, Э. А.:* Алгоритмы централизованного контроля и управление производством
(Algorithmen der zentralisierten Überwachung und Steuerung der Produktion). Moskau: Verlag Советское радио 1967.

[7] *Ledley, R. S.:* Programming and Utilizing Digital Computers. New York/San Francisco/Toronto/London: McGraw Hill Book Company, INC. 1962.

[8] *Oerter, G. W.:* Relating Real-Time Programs to Systems Hardware. ISA-Journal 9 (1962) 12, S. 55—58.

[9] *Schwarz, J. I.:* Programming language for on-line computing. New York: IFIP Congress 1965.

[10] *Stahn, H.:* Aufbau einer umsetzbaren Meßwertverarbeitungsanlage. msr 9 (1966) 11, S. 396—400.

[11] TGL 22 451 (Informationsverarbeitung, Datenfluß- und Programmablaufpläne, Sinnbilder).

Außerdem wurden folgende Bände der REIHE AUTOMATISIERUNGS-TECHNIK zitiert:

RA 5, RA 12, RA 28, RA 42, RA 43, RA 44, RA 47, RA 52, RA 68, RA 78

Sachwörterverzeichnis

REIHE AUTOMATISIERUNGSTECHNIK